U0240188

高等院校电子商务专业系列教材

大数据分析

王伟军 刘蕤 周光有 编著

重庆大学出版社

内容提要

本书结合大数据分析实操和商务应用场景,以大数据分析流程为主线,按照"原理、方法、工具和应用"组织内容体系,主要内容包括:大数据生态系统和大数据分析的环境搭建、大数据收集、大数据计算、大数据挖掘、大数据可视化,通过在用户搜索行为分析和个性化推荐系统两个现实场景中的实验,阐述并展示了大数据分析的环境配置和大数据分析的应用实例。

本书以附录形式呈现大数据分析实验环境搭建、Hadoop组件参数配置,以及大数据分析相关学习资源。此外,我们还制作了配套PPT课件、案例、习题、试卷及答案等电子资源,以及实验所用完整数据,方便读者动手实践书中所讲解的实例。

本书适合于电子商务、信息管理与信息系统及相关专业的大学生和研究生学习,以及对大数据分析感兴趣和有志于从事数据分析工作的读者阅读使用。

图书在版编目(CIP)数据

大数据分析/王伟军,刘蕤,周光有编著.—重庆:重庆大学出版社,2017.3(2020.2重印)
高等院校电子商务专业系列教材
ISBN 978-7-5689-0043-0

Ⅰ.①大…　Ⅱ.①王…②刘…③周…　Ⅲ.①数据处理—高等学校—教材　Ⅳ.①TP274

中国版本图书馆CIP数据核字(2016)第177632号

高等院校电子商务专业系列教材

大数据分析

王伟军　刘　蕤　周光有　编著
策划编辑:尚东亮

责任编辑:李定群　　版式设计:尚东亮
责任校对:邬小梅　　责任印制:张　策

*

重庆大学出版社出版发行
出版人:饶帮华
社址:重庆市沙坪坝区大学城西路21号
邮编:401331
电话:(023)88617190　88617185(中小学)
传真:(023)88617186　88617166
网址:http://www.cqup.com.cn
邮箱:fxk@cqup.com.cn(营销中心)
全国新华书店经销
重庆升光电力印务有限公司印刷

*

开本:787mm×1092mm　1/16　印张:14　字数:332千
2017年4月第1版　　2020年2月第2次印刷
印数:3 001—5 000
ISBN 978-7-5689-0043-0　定价:39.00元

高等院校电子商务专业系列教材编委会

顾 问

总主编

常务编委（以姓氏笔画为序）

编　委（以姓氏笔画为序）

总　序

　　重庆大学出版社"高等院校电子商务专业本科系列教材"出版 10 多年来,受到了全国众多高校师生的广泛关注,并获得了较高的评价和支持。随着国内外电子商务实践发展和理论研究日新月异,以及高校电子商务专业教学改革的深入,促使我们必须把电子商务最新的理论、实践和教学成果尽可能多地反映和充实到教材中来,对教材进行全面修订更新,增补新选题,以适应新的电子商务教学的迫切需要,做到与时俱进。为此,我们于 2015 年启动了本套教材第 3 版修订和增加新编教材的工作。

　　从 2010 年以来,中国的电子商务进入新的发展阶段:规模发展与规范发展并举。电子商务三流规范发展与中国电子商务法的制定同步进行:①商流:网上销售实名制由国家工商总局负责管理;②金流:非金融支付服务资质管理由中国人民银行总行负责管理;③物流:快递业务规范管理由国家邮政局负责管理;④电子商务立法:中国电子商务法起草工作由全国人大财经委负责组织 。中共中央、国务院及多个部委陆续出台了一系列引导、支持和鼓励发展电子商务的法规和政策,极大地鼓舞了已经从事和将要从事电子商务活动的企业、行业和产业,从而推动了电子商务在我国的稳步发展。特别是李克强总理提出:"互联网+"行动计划以来,电子商务在拉动内需、促进就业和促进创业的作用正空前显现出来。全国从中央到地方多个层面和行业对电子商务的认识逐步提高,电子商务这一先进生产力正在成为我国经济社会新的发动机。

　　2015 年 7 月 28 日人民日报报道:全国总创业者 1 000 余万,大学生占 618 余万。其中应届毕业生占第一位,回国留学生占第二位,在校大学生占第三位。2016 年 5 月 5 日,中央电视台新闻报道:全国大学生就业 20%由创业带动;全国就业前十大行业中互联网电子商务排名第一。中国的大学正在为中国的崛起提供源源不断的人力支持、智力支持、创新支持和创业支持,互联网、电子商务正成为就业创业的领头羊。

　　在教育部《普通高等学校本科专业目录(2012 年)》中已经把电子商务作为一个专业类给予定义。即在学科门类:12 管理学下设 1 208 电子商务类,120 801 电子商务(注:可授管理学、经济学或工学学士学位)。2013 年教育部公布了新一届高等学校电子商务类专业教学指导委员会(2013—2017 年),共由 39 位委员组成,是上一届 21 名委员的近两倍,主要充实了除教育部直属高校以外的地方和其他部委所属高校的电子商务专家代表。

　　截至 2015 年年底,全国已有 400 多所高校开办电子商务本科专业,1 136 所高职院校开办电子商务专科专业,几十所学校有硕士生培养,十几所学校有博士生培养。全国电子商务专业在校生人数达到 60 多万,规模全球第一,为我国电子商务产业和相关产业发展奠定了坚实的基础。

　　重庆大学出版社多年来一直致力于高校电子商务教材的策划出版,得到了"全国高校电子商务专业建设协作组""中国信息经济学会电子商务专业委员会"和"教育部高等学校电子商务类专业教学指导委员会"的大力支持和帮助,于2004年率先推出国内首套"高等院校电子商务专业本科系列教材",并于2012年修订推出了系列教材的第2版,2015年根据教育部"电子商务类专业教学质量国家标准"和电子商务的最新发展启动了本套教材的第3版修订和选题增补,增加了新编教材14种,集中修订教材10种,电子商务教指委有14名委员参与并担任主编,2016年即将形成一个近30个教材品种、比较科学完善的教材体系。这是特别值得庆贺的事。

　　我们希望此套教材的第3版修订和新编,能为繁荣我国电子商务教育事业和专业教材市场,支持我国电子商务专业建设和提高电子商务专业人才培养质量发挥更好更大的作用。同时,我们也希望得到同行学者、专家、教师和同学们更好更多的意见和建议,使我们能够不断地提高本套教材的质量。

　　在此,我谨代表全体编委和工作人员向本套教材的读者和支持者表示由衷的感谢!

总主编　李　琪

2016年5月10日

前　言

  自 2011 年以来,"大数据"迅速席卷全球,并成为继"云计算""物联网"后的又一个备受关注的热词。2012 年 3 月,美国联邦政府发布《大数据的研究和发展计划》,由美国国家自然基金会(NSF)、卫生健康总署(NIH)、能源部(DOE)、国防部(DOD)等 6 大部门联合启动大数据技术研发,引发了世界各国的关注。2014 年,欧盟发布《数据驱动经济战略》,大数据有望为欧盟恢复经济增长和扩大就业作出贡献。2015 年 8 月,国务院下发《促进大数据发展行动纲要》,要求全面推进我国大数据发展和应用,加快建设数据强国。2016 年 6 月,国务院办公厅印发《关于促进和规范健康医疗大数据应用发展的指导意见》,部署通过"互联网+健康医疗"探索健康医疗大数据应用服务新模式和新业态,构建全国性的健康医疗大数据应用平台,建立起健康医疗大数据产业体系。可以说,大数据的应用已逐步深入我们生活的方方面面,涵盖医疗、交通、金融、教育、体育、零售等各行各业。尤其是企业成为大数据应用的主体,对大数据的利用将成为企业提高核心竞争力和抢占市场先机的关键。大数据正日益对全球生产、流通、分配、消费活动以及经济运行机制、社会生活方式和国家治理能力产生重要影响。深化大数据应用,已成为我国创新发展、推动产业转型升级、提升信息服务水平和政府治理能力现代化的内在需要和必然选择。

  大数据应用主要通过大数据分析挖掘技术的实际应用,来获得数据的价值和预见。如美国 Target 公司通过"怀孕预测指数"预测高中生顾客怀孕的故事和沃尔玛"啤酒和尿不湿"的销售故事早已被人津津乐道。而当人们在微博等社交平台抒情或议论的时候,华尔街分析师正通过网站后台收集人们的记录来分析人们的情绪变化,并据此做出股票投资决策。跨国公司常通过对海量数据的分析,在全球优化供应链、指导采购和生产、制定市场营销策略等。

  因此,"大数据分析"技术性强、应用范围广、成效显著,其相关技术及应用仍在迅速发展和深化中。如何编写一本适合电子商务或信息管理与信息系统专业的大数据分析相关教材确实是一个很大的挑战。从现有大数据分析相关教材的内容来看,要么是纯技术性内容体系,没有与商务应用相结合;要么偏重大数据商务应用价值或应用场景分析,缺乏必要的技术支持。我们认为:大数据分析技术是基础与工具,商务应用是本质与核心;要做好大数据商务分析工作,需要掌握基本的大数据分析技术,并能从商务应用需求出发,有目的地收集与管理数据,通过运用大数据分析相关技术和方法,发现不同数据间的数据相关性和潜在规律,获得洞察力,并最终促成决策和行动。

我们将本书定位于方法应用型教材，立足于商务应用环境，完整地阐述大数据分析流程涉及的基本原理、方法技术、操作实例和应用场景。

全书共包括 8 章，第 1 章和第 2 章是概述部分，主要介绍大数据的概念与价值、Hadoop 生态系统与 Spark 生态系统，从理论层面与技术层面搭建大数据系统基本框架；第 3 章至第 6 章是分析方法部分，以大数据分析流程为主线，尽可能地结合实例，对大数据收集、大数据计算、大数据挖掘、大数据可视化进行系统性的阐述。在大数据收集一章中，介绍两种实现 Hadoop 数据收集的开源工具 Flume 和 Kafka；在大数据计算一章中，介绍大数据离线计算框架 Mapreduce、交互式计算框架 Impala、流式计算框架 Storm；在大数据挖掘一章中，梳理机器学习的主要算法，重点讲解利用 Mahout、Weka 和 R 语言进行大数据预处理与算法实现；在大数据可视化一章中，介绍 Tableau 和 EChart 两种可视化工具的基本功能和应用；第 7 章和第 8 章是实验实例部分，通过搜索日志用户行为分析和推荐系统两个应用场景，集中讲解 Hadoop 的环境配置、Hive 的安装部署、使用 Hive 进行数据处理和用户信息检索行为分析、使用 Mahout 进行个性化推荐等实用技术与方法。

本书的特点主要体现在以下几个方面：

①本书力求涵盖目前较为成熟的大数据分析方法和工具，兼顾技术的先进性和科学性，完整地阐述了从大数据收集到大数据可视化操作这一分析流程中的实用技术、基本原理；

②本书通过上机实验和应用实例强调大数据分析实战，突出理论与实践相结合，知识与技能并重；

③本书配备有较为丰富的教学资源，每章明确提出学习目标与要求、课后附有复习思考题，以附录形式呈现大数据分析实验环境搭建、Hadoop 组件参数配置等内容，并详细介绍大数据分析相关学习资源。本书还提供了配套课件以及实验所用完整数据，方便读者动手实践书中所讲解的实例。

全书由王伟军、刘蕤、周光有讨论并提出编写大纲，负责总体规划、统稿和校对工作。各章节的编写分工如下：第 1 章（王伟军、余跃、肖海清）、第 2 章（周光有、李伟卿、宁丹）、第 3 章（王阳、连宸、张婷婷）、第 4 章（刘蕤、姜毅）、第 5 章（刘蕤、李颖、李照东、刘辉）、第 6 章（池毛毛、侯银秀、张婷婷）、第 7 章和第 8 章（王伟军、周光有、黄英辉）。

此书得到国家自然科学基金项目"基于用户偏好感知的 Saas 服务选择优化研究"（项目编号：71271099）和"基于屏幕视觉热区的网络用户偏好提取及交互式个性化推荐研究"（项目编号：71571084）的支持，在此表示感谢！

在本书编写过程中，参考了国内外大量文献。在此，向所有参考文献的作者表示衷心的感谢！本书的编写是一次有益的探索，大数据应用是一个新兴事物，商务分析的应用实例还不够多，基于数据驱动的企业绩效优化、过程优化管理和运营科学决策的大数据分析还有待深入应用。由于编者水平有限，书中难免存在疏漏，敬请读者提出宝贵意见。

编 者
2017 年 1 月 10 日

目　录

第 1 章
大数据概述

- 了解大数据的定义及结构特征。
- 熟悉大数据的来源及分类。
- 认识大数据分析的价值及影响。

　　大数据是以容量大、类型多、存取速度快、应用价值高为主要特征的数据集合,它正快速发展为对数量巨大、来源分散、格式多样的数据进行采集、存储和关联分析,从中发现新知识、创造新价值、提升新能力的新一代信息技术和服务业态。伴随着数据的爆炸性增长,大数据已深入社会的各行各业。但是,只有对大数据进行挖掘分析,才能获取有深度和有价值的信息。因此,大数据的分析方法在大数据发展中就显得尤为重要,可以说大数据分析是关系到最终数据信息是否有价值的决定性因素。首先让我们对大数据的概念、特征与来源,以及大数据分析的价值与影响等有一个基本的了解和认识。

1.1　大数据的背景

　　"大数据"是一种规模已大到难以用传统信息技术进行有效的管理,大大超出传统数据库软件工具能力范围的数据集合。《2015 年中国大数据发展调查报告》显示,2015 年中国大数据市场规模达到 115.9 亿元,增速达 38%。面对庞大的市场,各大数据企业也纷纷从中寻求商机。

　　自 2011 年以来,"大数据"迅速席卷全球,并成为继"云计算""物联网"后的又一个备受关注的热词,关于它的报道和著作也层出不穷。早在 1980 年,著名的未来学家 Alvin Toffler 在其所著的《第三次浪潮》中就将"大数据"称颂为"第三次浪潮的华彩乐章"。2008 年,《Nature》杂志推出名为"Big Data"的封面专栏。2011 年 6 月,著名咨询公司麦肯锡全球研究院(MGI)发布名为《大数据:下一个创新、竞争和生产力的前沿》的研究报告,对大数据的影响、关键技术和应用领域等都进行了详尽的分析,并指出大数据将会是带动未来生产力发展和创新以及消费需求增长的指向标。2012 年 3 月,美国联邦政府发布《大数据的研究和发

1

展计划》,由美国国家自然基金会(NSF)、卫生健康总署(NIH)、能源部(DOE)、国防部(DOD)等6大部门联合,投资2亿美元启动大数据技术研发,引发了世界各国的关注。2012年7月,联合国在纽约发布了一本关于大数据政务的白皮书《大数据促发展:挑战与机遇》。这本白皮书总结了各国政府如何利用大数据响应社会需求、指导经济运行、更好地为人民服务,并建议成员国建立"脉搏实验室(Pulse Labs)",挖掘大数据的潜在价值。2014年,欧盟发布《数据驱动经济战略》,使大数据有望成为欧盟经济单列行业,为欧盟恢复经济增长和扩大就业作出巨大贡献。从2015年开始,我国政府对互联网、高科技和大数据产业空前重视,并明确表示要开放大数据和促进大数据发展。2015年5月,国务院发布《中国制造2025》,提出"建设重点领域制造业工程数据中心,为企业提供创新知识和工程数据的开放共享服务"。2015年8月,国务院下发《促进大数据发展行动纲要》,要求深入贯彻落实党中央、国务院决策部署,全面推进我国大数据发展和应用,加快建设数据强国。作为新的重要资源,世界各国都在加快大数据战略布局,我国已将大数据战略上升至国家层面。

随着计算机和信息技术的迅猛发展和普及应用,行业应用系统的规模迅速扩大,行业应用所产生的数据呈爆炸性增长。动辄达到数百TB甚至数十至数百PB规模的行业/企业大数据已远远超出了现有传统的计算技术和信息系统的处理能力。根据互联网数据中心(Internet Data Center,IDC)监测,人类产生的数据量正在呈指数级增长,大约每两年翻一番,并且这个速度在2020年之前会继续保持下去。这意味着人类在最近两年产生的数据量相当于之前产生的全部数据量。在百度指数中,输入关键词"大数据",进行检索得到探索"大数据"的整体趋势效果图,如图1-1所示。

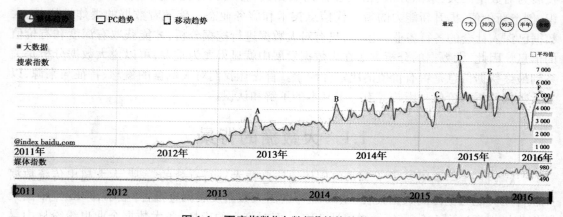

图1-1 百度指数"大数据"整体趋势图

由图1-1可知,"大数据"的搜索量自2011年以来呈现快速增长,"大数据"日趋变成大家耳熟能详的热词,并且未来的数年里,"大数据"的热度可能会持续下去。正因为大数据处理需求的迫切性和重要性,大数据技术已经在全球工业界、学术界和各国政府得到高度关注和重视,全球掀起了一个可与20世纪90年代的信息高速公路相提并论的研究热潮。

大数据的研究和分析应用具有十分重大的意义和价值。被誉为"大数据时代预言家"的维克托·迈尔-舍恩伯格在其《大数据时代》一书中列举了大量翔实的大数据应用案例,并分析、预测了大数据的发展现状和未来趋势,提出了很多重要的观点和发展思路。他认为"大数据开启了一次重大的时代转型",指出大数据将带来巨大的变革,改变我们的生活、工作和思维方式,改变我们的商业模式,影响我们的经济、政治、科技和社会等各个层面。

1.2 大数据的基本概念

对大量数据进行分析,并从中获得有用观点,这种做法在一部分研究机构和大企业中早已存在。现在的大数据和过去相比,主要有以下 3 点区别:

①量大类杂,随着社交媒体和传感器网络等的发展,在我们身边正产生出大量且多样的数据。

②处理成本下降,随着硬件和软件技术的发展,数据的存储、处理成本大幅下降,数据处理环境也已经没有必要自行搭建。

③计算能力增强,随着云计算的兴起,对大数据的存储能力和处理速度大大提高。

1.2.1 大数据的定义

大数据概念的演变不仅包含了对数据集规模的描述,还包括数据利用的过程。大数据最早出现于麦肯锡全球研究院 2011 年发布的《大数据:下一个创新、竞争和生产力的前沿》研究报告。之后,经 Gartner 的宣传和 2012 年维克托·迈尔-舍恩伯格《大数据时代》的出版推广,大数据概念开始风靡全球。虽然大数据已成为社会热议的话题,但是到目前为止,大数据尚无统一的定义,也难以有一个定量的定义。

互联网数据中心(Internet Data Center,IDC)在报告中对大数据进行了描述:大数据是一个看起来似乎来路不明的大的动态过程。但实际上,大数据并不是一个新生事物,虽然它确实正在走向主流和引起广泛的注意。大数据并不是一个实体,而是一个横跨很多 IT 边界的动态活动。

麦肯锡全球研究院认为,大数据是指大小超过了典型数据库软件工具收集、存储、管理和分析能力的数据集。

Gartner 公司认为,大数据就是高容量、高速和高多样化的信息资产,需要新的处理技术来增强决策能力、原理分析和流程优化。

百度百科认为,大数据是指无法在可承受的时间范围内用常规软件工具进行捕捉、管理和处理的数据集合,是需要新处理模式才能具有更强的决策力、洞察力和流程优化能力来适应海量、高增长率和多样化的信息资产。

维基百科认为,大数据指的是所涉及的资料量规模巨大到无法通过目前主流软件工具,在合理时间内达到撷取、管理、处理并整理成为帮助企业经营决策目的的资讯。

大数据专家李国杰院士提出:大数据是指无法在可容忍的时间内用传统 IT 技术和软硬件工具对其进行感知、获取、管理、处理和服务的数据集合。

各个定义尽管在具体的表达中对大数据的范围、内涵等描述不一,但存在一个共识,即大数据不是对数据量大小的定量描述,重要的是在种类繁多、数量庞大的多样数据中如何进行快速的信息获取和分析,也就是如何将数据分析为信息,将信息提炼为知识,以知识促成决策和行动的过程。归根到底,大数据的最终意义在于获得洞察力和价值。

1.2.2 大数据的结构特征

关于大数据的结构特征,IBM 提出 3V,即认为大数据具备规模性(Volume)、多样性(Variety)和高速性(Velocity)3 个特征:规模性是指数据量巨大,量级达到 TB 级及 PB 级;多样性是指数据类型繁多,包括结构化数据和非结构化数据;高速性是指数据创建、处理和分析的速度持续在加快。

对大数据概念的探究涉及多个维度,在 IBM 提出 3V 的基础上,人们认为下面 4 个维度最为重要,并将其统称为 4V。

1)海量性(Volume)

大数据都是数量巨大的数据。很多企业都拥有海量数据,数据量都很容易就积累到 TB 级,甚至跃升至 PB 级。

2)多样性(Variety)

大数据冲破结构化数据的局限,不仅包括结构化数据,还覆盖了如文本、音频、视频、点击流、日志文件、地理位置信息等各种类型的半结构化和非结构化数据。

3)精确性(Veracity)

挖掘大数据价值类似沙里淘金,从海量数据中挖掘稀疏但珍贵的信息。如何处理和挖掘海量数据,以使用其价值成为至关重要的问题。

4)时效性(Velocity)

大数据对时效性要求很高,企业必须能够在短时间内高速、流畅地处理源源不断产生或流入企业的海量数据,方能最大化地显现出大数据的商业价值。以往的周、天和小时为单位的运算处理周期,下降到以分、秒为单位。同时,大数据还应被归档存储,以备不时之需。

大数据的 4V 特征为我们进行数据分析指明了方向,然而大数据的复杂性并非只体现在这 4 个维度上,还有其他因素在起作用,这些因素存在于大数据所推动的一系列过程中。在这一系列过程中,需要结合不同的技术和分析方法,才能充分揭示数据源的价值,进而用数据指导行为,促进业务发展。

1.2.3 大数据与云计算

百度公司总裁张亚勤说:"云计算和大数据是一个硬币的两面,云计算是大数据的 IT 基础,而大数据是云计算的一个杀手级应用。"的确是这样,在云计算出现以前,数据大都保存在个人计算机和企业服务器中。数据存储量小,且较为分散。在云计算服务器出现后,"大数据"才有了运行轨道,逐渐发挥其真正的价值。

1)云计算与大数据的关系

有人将云计算和大数据形象地比喻为"高速公路"和"汽车","高速公路"的建设是为了让"汽车"快速地行使,而"汽车"的大量出现也促使了"高速公路"的快速建设。最著名的实例就是 Google 搜索引擎。面对海量 Web 数据,Google 于 2006 年首先提出云计算的概念。支撑 Google 内部各种"大数据"应用的,正是 Google 公司自行研发的云计算服务器。云计算和大数据的关系可表现为：

（1）云计算是大数据的 IT 基础

云计算可构建在不同的基础平台之上，可有效兼容大数据的异构数据源。大部分的大数据环境下都采用可扩展的云存储技术，使存储性能随着存储容量的增加而得到提升。

（2）云计算是大数据成长的驱动力

大数据要面对 PB 级数据，因此，大数据存储系统必须能够方便、迅速地扩大存储规模，以满足数据增长的需求，在稳定的前提下让软硬件的增设变得透明。如果不以云计算进行挖掘和分析，大数据就只是僵死的数据，没有太大价值。云计算为大数据提供了解决方法。

（3）大数据是云计算的延伸

大数据技术涵盖了从数据的海量存储、处理到应用多方面的技术，包括海量分布式文件系统、并行计算框架、NoSQL 数据库、实时流数据处理以及智能分析技术，如模式识别、自然语言理解、应用知识库等。

（4）大数据的信息隐私保护是云计算发展的重要前提

信息产业及服务的健康、快速发展需要安全的环境，大数据挖掘中的隐私保护为其提供了保障。

总而言之，云计算是大数据发展的前提，大数据是云计算的延伸，两者相互促进、相辅相成。大数据应用将消耗大量的计算和存储资源，这推动了云计算的普及，同时云计算的弹性能力为大数据应用程序的执行提供了保障，进而使处理大数据作业变得更为经济。

2）云计算为大数据带来的变化

纵观历史，过去的数据中心无论应用层次还是规模大小都仅仅是停留在过去有限的基础架构之上，采用的是传统精简指令集计算机和传统大型机，各个基础架构之间都相互孤立，没有形成一个统一的有机整体。因此，在这种背景下，数据中心需要向集中大规模共享平台推进，并且数据中心要能实现实时动态扩容，实现自助和自动部署服务。由此云计算、虚拟化和云存储等新 IT 模式出现并流行起来。云计算的出现为大数据带来了诸多变化。

（1）云计算为大数据提供了弹性扩展

云计算的出现带来了更便宜的分布式运算存储，解决了大数据的海量数据存储问题，使得中小企业也可像亚马逊一样通过云计算来完成大数据分析。

（2）云计算为大数据提供了技术保障

云计算 IT 资源庞大，分布较为广泛，是异构系统较多的企业及时、准确处理数据的有力方式，甚至是唯一方式。

（3）云资源的建设保障了大数据走向云计算

云资源的建设使原始数据能够迁移到云环境，资源得到了弹性扩展。数据分析集逐步扩大，企业级数据仓库将成为主流，未来还将逐步纳入行业数据、政府公开数据等多源数据。

（4）云计算使大数据逐步"云"化

通过云计算对资源进行自动调度和分配，大数据实现了一个自动部署、自动管理和自动运维的数据中心架构。数据中心逐步过渡到"云"，这其中既包括私有云，也包括公有云。

1.3 大数据的来源及分类

大数据的来源可按照数据产生主体、数据来源行业、数据存储形式进行划分。

1.3.1 按数据产生主体划分

大数据的来源按产生主体划分可分为 3 类:交易数据、交互数据和观测数据。

①交易数据由企业以及个人在线商品交易时产生,包括企业内部运营与管理数据,企业与企业之间、企业与个人之间以及个人与个人之间的交易数据。这类大数据一般表现为系统关系型数据库中的数据和数据仓库中的数据。

②交互数据是指人产生的大量在线交互数据,主要包括网络用户在线浏览、点击等日志数据,用户生成内容(UGC)的数据,如微博、微信产生的数据,用户评论、留言、短信、电子邮件或者电话投诉等数据。格式包括文本、图片、视频及音频等。

③观测数据是指大量机器、遥感及各类传感器产生的数据,主要包括应用服务器日志数据,科研专业机构产生的数据(如 CERN 的离子对撞机每秒运行产生的数据高达 40 TB),传感器数据(天气、水、智能电网等),图像和视频(摄像头监控数据等),RFID、二维码或条形码扫描数据,北斗导航卫星位置数据和遥感卫星的观测数据,等等。随着物联网和智慧城市的发展,此类数据将呈爆炸式增长,大大超过前两种数据的量级。

对第一类和第二类数据,目前企业特别是互联网企业应用较多,主要应用于挖掘用户消费行为,预测特定需求和整体趋势等。但必须指出的是,第三类数据的应用将越来越重要,在科学研究、行业管理、物联网应用和智慧城市建设中必不可少,它将作为基础性资源创新商业模式和产生新的商业机会。例如,汽车传感数据用于评价司机行为会推动汽车保险业的深刻变革;农业遥感数据可用于农作物估产;北斗位置数据可用于城市交通指挥系统优化等等。

1.3.2 按数据来源行业划分

根据我国一年产生的数据总量以及大致分布情况,我国的大数据来源大体来自于以下行业:

1)以百度、阿里巴巴和腾讯(简称 BAT)为代表的互联网公司

阿里巴巴目前保存的数据量为近百 PB,同时拥有 90% 以上的电商数据。百度 2013 数据总量接近一千个 PB,其以 70% 以上的搜索市场份额坐拥庞大的搜索数据。腾讯的总存储数据量经压缩处理以后在 100 PB 左右,并且数据量月增约 10%,存储了大量的社交、游戏等领域积累的文本、音频、视频和关系型数据。

2)电信、金融、保险、电力、石化系统

电信行业拥有大量的用户上网记录、通话、信息、地理位置等数据,且年度用户数据增长约数十 PB。金融与保险行业拥有大量的开户信息数据、银行网点数据、在线交易数据和自身运营的数据。在电力和石化行业,仅国家电网采集获得的数据总量就有 10 PB,石油化工、

智能水表等领域每年产生和保存的数据量也达到数十 PB 级别。

3)公共安全、医疗、交通领域

在公共安全领域,城市的安全监控数据庞大,仅北京市就有 50 多万个监控摄像头,每天采集视频数据量约 3 PB,视频监控每年保存的数据量在数百 PB。医疗卫生行业也存储了大量的数据,仅广州中山大学医院 2013 年数据量为 1 000 TB,整个医疗卫生行业一年能够保存下来的数据就可达到数百 PB。交通领域也是如此,航班往返一次能产生数据达到 TB 级别,列车、水陆路运输产生的各种视频、文本类数据,每年保存的数据也达到数十 PB。

4)气象、教育、地理、政务等领域

中国气象局保存的数据为 4~5 PB,每年约增数百 TB,各种地图和地理位置信息每年也有数十 PB。北京市政务数据资源网涵盖旅游、教育、交通、医疗等门类,已经上线公布了 400 余个数据包,而政务数据多为结构化数据,体量也较大。

5)商业销售、制造业、农业、物流和流通等领域

制造业的存储数据量大且类型多样。其中,产品设计数据以文件为主,为非结构化数据,共享要求较高,保存时间较长;企业生产环节产生的业务数据是数据库结构化数据,同时生产监控数据量也非常大。在其他传统行业,线下商业销售、农林牧渔业、线下餐饮、食品、物流运输等行业数据量剧增,而且行业数据量还处于积累期,整个体量都不算大,多则达到 PB 级别,少则数百 TB 甚至数十 TB。

1.3.3　按数据存储形式划分

随着数据量的激增,多样性的大数据不再局限于结构化数据。同时,由于数据自身的复杂性,作为一个必然的结果,处理大数据的首选方法就是在并行计算的环境中进行大规模并行处理,这使得并行摄取、并行数据装载和分析成为可能。大数据的来源按存储形式划分,可分为结构化数据、非结构化数据、半结构化数据及准结构化数据。

结构化数据通常指的是行数据,可用二维表结构来逻辑表达实现,主要存储在关系型数据库中。结构化数据先有结构再有数据,结构一般不变。一般在数据库中存储数据前需要事先定义数据并创建索引,这使得访问和过滤数据变得非常简单。因此,结构化数据最容易处理。

相对于结构化数据而言,不方便用数据库二维逻辑表来表现的数据即称为非结构化数据。非结构化数据没有标准格式,为非纯文本类数据,存储在非结构数据库中,包括所有格式的办公文档、文本、图片、XML、HTML、各类报表、图像、音频、视频信息等。非结构化数据一般无法直接进行商业智能分析,这是由于非结构化数据无法直接存储到数据库表中,也无法被程序直接使用或使用数据库进行分析。二进制图片文件就是非结构化数据的一个典型例子。

半结构化数据介于结构化数据和非结构化数据之间,格式较为规范,一般都是纯文本数据,包括日志数据、XML、JSON 等格式的数据。半结构化数据一般是自描述的,数据的结构和内容混在一起,没有明显的区分。数据模型主要为树和图的形式。

准结构化数据是具有不规则数据格式的文本数据,通过使用工具可使之格式化。例如,准结构化数据包含数据值和格式不一致的网站点击数据。

1.4 大数据分析的价值

大数据的价值要依靠挖掘和分析才能体现出来。因此，人们常常说的大数据价值其实是指大数据分析的价值。我们从时间维度，从宏观、中观(行业)和微观(企业)层面对大数据分析的价值进行探讨。

1.4.1 从时间维度看大数据分析的价值

从时间维度看，大数据分析的价值主要体现在以下 3 个方面：

1) 总结过去

历史的记载总是不够全面和完整，它们或有选择性、或有所美化。但在信息时代，人类利用大数据可将在移动终端、社交媒体、传感器等媒介上的碎片化的资料、数据和信息融合在一起，通过分析海量数据来总结具有普遍性的规律，从而发现新的知识。这为人类更加全面、完整、客观地记录历史、总结历史经验知识提供了可能。

2) 优化现在

"互联网+"环境下，"互联网+大数据+传统产业"不仅仅意味着简单相加，而是进行跨界、融合，充分实现互联网与传统产业的优势互补，借助行业大数据实现创新和自身发展。近年来，零售业、旅游业、新闻出版产业及金融服务业等传统产业，借助大数据分析实现了巨大变革。例如，引入基于位置的服务(LBS)、数据挖掘和个性化推荐技术等提取用户行为偏好，进行精准营销。因此，大数据分析可以让我们把事物的全貌及隐含的特征看得更清楚、更明白，为当下的发展提供最优的决策支持。

3) 预测未来

信息时代存在巨大的不确定性，而减少不确定性的依据应是数据和基于数据分析得出的结论。在未来，利用发达的科学技术可对大数据进行分析，从而预测人类的行为。例如，通过研究分析大数据来预测客户的购买行为、信用行为以及规避金融危机等。科学家可通过严谨、科学的方法来整理已知的海量数据信息，挖掘其内在规律、分析其发展趋势。因此，大数据有可能让我们更好地预测未来。

1.4.2 从宏观应用看大数据分析的价值

信息技术与经济社会的交汇融合引发了数据迅猛增长，数据已成为国家的基础性战略资源。大数据正日益对全球生产、流通、分配、消费活动以及经济运行机制、社会生活方式和国家治理能力产生重要影响。深化大数据应用已成为我国稳增长、促改革、调结构、惠民生和推动政府治理能力现代化的内在需要和必然选择。

1) 推动经济转型发展的新动力

以数据流引领技术流、物质流、资金流、人才流将深刻影响社会分工协作的组织模式，促进生产组织方式的集约和创新。大数据推动社会生产要素的网络化共享、集约化整合、协作化开发和高效化利用，改变了传统的生产方式和经济运行机制，可显著提升经济运行水平和效率。大数据持续激发商业模式创新,不断催生新业态,已成为互联网等新兴领域促进业务创新增值、提升企业核心价值的重要驱动力。大数据产业正在成为新的经济增长点,将对未来信息产业格局产生重要影响。

2）大数据成为重塑国家竞争优势的新机遇

在全球信息化快速发展的大背景下,大数据已成为国家重要的基础性战略资源,正引领新一轮科技创新。充分利用我国的数据规模优势,实现数据规模、质量和应用水平同步提升,发掘和释放数据资源的潜在价值,有利于更好发挥数据资源的战略作用,增强网络空间数据主权保护能力,维护国家安全,有效提升国家竞争力。

3）大数据成为提升政府治理能力的新途径

大数据应用能够揭示传统技术方式难以展现的关联关系,推动政府数据开放共享,促进社会事业数据融合和资源整合,将极大提升政府整体数据分析能力,为有效处理复杂社会问题提供新的手段。建立"用数据说话、用数据决策、用数据管理、用数据创新"的管理机制,实现基于数据的科学决策,将推动政府管理理念和社会治理模式进步,加快建设与社会主义市场经济体制和中国特色社会主义事业发展相适应的法治政府、创新政府、廉洁政府和服务型政府,逐步实现政府治理能力现代化。

1.4.3 从行业应用看大数据分析的价值

依据行业应用的不同,大数据分析的价值也有不同体现。

1）传统行业应用大数据分析的价值

传统行业是以劳动密集型、制造加工为主的行业,而传统行业拥抱互联网已经是大势所趋。目前金融、餐饮、钢铁、农业等传统行业已经趁势而上。尤其值得指出的是,互联网金融异军突起,像具有电商平台性质的阿里金融正依据大数据收集和分析进行用户信用评级,从而防范信用风险保障交易安全。

传统行业拥抱互联网,需要完成传统管理系统与互联网平台、大数据平台的对接和融合,因而势必产生海量数据。传统行业可利用大数据分析调整产品结构、实现产业结构升级;优化采购渠道、实现销售渠道的多元化;实现产业融合和跨界创新、创新商业模式。例如,地产巨擘万科利用大数据分析价值洼地,各大券商联合互联网巨头推出大数据基金。

2）新兴行业应用大数据分析的价值

新兴行业相对传统行业而言,主要涉及节能环保、新一代信息技术、生物、高端装备制造、新能源、新材料及新能源汽车 7 个产业。

新兴行业与传统行业不同,其本身具有高信息化、高网络化、高科技特点。从其诞生之日起,就具备了大数据的基因,也为大数据的分析利用提供了良好的土壤。例如,可穿戴智能设备 Apple Watch,从其面世起就是为信息时代而生的,产生的大数据可实现非接触数据传输、基于位置服务等。大数据在新兴行业的应用价值更多体现在优化服务、提升用户体验、实现个性化推荐及提高竞争能力等方面。

1.4.4 从企业应用看大数据分析的价值

企业大数据分析的价值主要体现在采购、制造、物流、销售等供应链各个环节。例如,采购方面,依靠大数据进行供应商分析评价,以此更好地与供应商谈判;制造方面,生产的各个环节可利用大数据来分析进而优化库存和运作能力;物流方面,应用大数据分析来指导交通线路规划和日常设计;销售方面,应用大数据分析消费者偏好、行为,实现精准营销。总而言之,大数据分析对于企业的最大价值在于:实现供应链可视化、优化需求计划、强化风险管理、实现营销精准化和决策科学化。

1)实现供应链可视化

可视化(Visualization)是利用计算机图形学和图像处理技术,将数据转换成图形或图像在屏幕上显示出来,并进行交互处理的理论、方法和技术。

企业利用大数据分析可提供更具直观性的数据可视化服务,为供应链的全貌提供切实可见的视觉效果。

①供应链可视化的实现便于相关人员更好地理解整个供应链的运作流程,从而便于交流和控制。

②可视化的实现也可简化供应链复杂的流程,使整体供应链流程一目了然,增强审视和管理。

③供应链可视化的实现有利于处理异议。从心理学角度讲,讨论过程之中出现不同观点时,争论的双方若看到自己的观点得以记录并展现于众,情绪会逐渐趋于缓和。据此,供应链可视化的实现对处理异议将起到较好效果。

2)优化需求计划

需求计划是企业对所需要的物资、能源或材料等进行制订的采购进货计划,主要包括物资需求计划、能力需求计划和物流需求计划等。

大数据分析对于优化需求计划具有举足轻重的作用。企业可应用大数据分析销售状况、市场需求程度、产品满意度等,从而为企业的物资需求计划制订提供决策支持。同时,企业还可利用大数据分析客户的偏好和购买行为,从而为企业与供应商的谈判提供有利信息,优化企业的能力需求计划。大数据分析还可为企业的物流交通线路规划提供优化策略。

3)强化风险管理

供应链中的风险管理主要包括对供应商风险、监察安全风险的管理。

(1)评估供应商风险

供应商稳定有序与否,关系到整个供应链的成败。企业在确定供应商之前都会对其日常业绩和风险进行评估,以确保供应商的水平和能力。

可利用大数据评估供应商的突发状况处理与风险应对能力,也可以利用大数据来为企业确定供应链高风险领域,据此为企业建立决策模型并确定资源利用的优先级,从而降低风险。

(2)监察安全风险

安全风险是企业供应链中需要面临的最高级别的风险,供应链的安全风险主要包括产品的安全性和数据的安全性。随着信息技术的发展,供应链的管理越来越精细,甚至实现实时监测。产品、物流信息都可借助 GPS、北斗卫星导航等定位系统进行实时监测,并实时上传到数据管理平台,进行大规模的数据分析,以此确保供应链的安全和效率。

4)营销精准化

营销精准化就是通过消费者行为的挖掘和分析,预测消费者行为,优化营销策略,实现广告精准投放和个性化营销。无论是线上还是线下,大数据营销的核心是基于对用户的了解,把希望推送的产品或服务信息在合适的时间以合适的方式和合适的载体,推送给合适的人。大数据营销依托多平台的数据采集及大数据技术的分析及预测能力,使企业实时洞察用户,提高营销的精准性,为企业带来更高的投资回报率。

大数据营销方式从海量广告过渡到一对一以用户体验为中心的精准营销。通过对客户特征、产品特征、消费行为特征数据的采集和处理,可进行多维度的客户消费特征分析、产品策略分析和销售策略指导分析,从而实现一对一精准广告投放和效果分析。在注重用户体验同时达到最佳的营销效果,并且可对营销进行跟踪,通过准确把握客户需求、增加客户互动的方式从而不断优化营销策略,推动营销策略的策划和执行。

例如,1 号店通过大数据分析给顾客发送个性化电子营销邮件。若顾客曾经在 1 号店网站上查看过一个商品而没有购买,则有几种可能:缺货;价格不合适;不是想要的品牌或不是想要的商品;只是看看。若在顾客查看时该商品缺货,则到货时就立即通知顾客;若当时有货而顾客没有买,就很有可能是因为价格引起的,那么在该商品降价促销时通知顾客;同时,在引入和该商品相类似或相关联的商品时温馨告知顾客。另外,通过挖掘顾客的周期性购买习惯,在临近顾客的购买周期时提醒顾客。

5)决策科学化

大数据分析有利于科学决策。管理最重要的便是决策,而正确的决策依赖充足的数据和信息以及准确的判断。彼得·杜拉克说:"人们永远无法管理不能量化的东西。"在大数据时代,管理者和决策者不缺乏数据和信息,缺乏的是依靠量化作决策的态度和方法。在过去的商业决策中,管理者会凭借自身的经验和对行业的敏感来决定企业发展方向和方式,这种决策有时仅仅参考一些模糊的数据和建议。而大数据和大数据分析工具的出现,让人们找到了一条新的科学决策之路。

大数据主义者认为,所有决策都应当逐渐摒弃经验与直觉,加大对数据分析的倚重。相对于全人工决策,科学的决策能给人们提供可预见的事物发展规律,这不仅让结果变得更加科学、客观,在一定程度上也减轻了决策者所承受的巨大精神压力。

华尔街某公司通过分析全球 3.4 亿微博账户留言判断民众情绪,再以"1"到"50"进行打分。根据打分结果,决定公司股票的买入与卖出。具体的判断原则是:如果所有人的手都高兴,就买入股票;如果大家的焦虑情绪上升,就抛售股票。这样的做法使该公司获得 7%的收益率。

诚然,大数据将创造巨大的社会效益和经济效益,但同时也带来了挑战。

(1)公共数据资源的共享与开放问题

我国公共数据资源由政府部门掌握,存在着政府信息系统和公共数据互联开放共享不足的问题。因此,根据国务院《关于促进大数据发展的行动纲要》的要求,应加强顶层设计和统筹协调,推动政府数据资源共享,形成政府数据统一共享交换平台,在依法加强安全保障和隐私保护的前提下,稳步推动公共数据资源开放。具体措施包括:

①制订政府数据资源共享管理办法,整合政府部门公共数据资源,促进互联互通,提高共享能力,提升政府数据的一致性和准确性。

②加快政府信息平台整合,充分利用统一的国家电子政务网络,构建跨部门的政府数据统一共享交换平台。

③推动建立政府部门和事业单位等公共机构数据资源清单,按照"增量先行"的方式,加强对政府部门数据的国家统筹管理,加快建设国家政府数据统一开放平台。

④制订公共机构数据开放计划,落实数据开放和维护责任,推进公共机构数据资源统一汇聚和集中向社会开放,提升政府数据开放共享标准化程度,优先推动信用、交通、医疗、卫生、就业、社保、地理、文化、教育、科技、资源、农业、环境、安监、金融、质量、统计、气象、海洋、企业登记监管等民生保障服务相关领域的政府数据集向社会开放。

⑤建立政府和社会互动的大数据采集形成机制,制订政府数据共享开放目录。

⑥通过政务数据公开共享,引导企业、行业协会、科研机构、社会组织等主动采集并开放数据。

(2)大数据安全问题

大数据安全包括大数据系统安全、大数据传输和存储安全、大数据的应用安全等。大数据安全不仅需要更可靠的大数据安全技术,也需要建立全新的安全机制解决大数据安全问题,需要加强大数据环境下的网络安全问题研究和基于大数据的网络安全技术研究,落实信息安全等级保护、风险评估等网络安全制度,建立健全大数据安全保障体系;建立大数据安全评估体系;切实加强关键信息基础设施安全防护,做好大数据平台及服务商的可靠性及安全性评测、应用安全评测、监测预警和风险评估;明确数据采集、传输、存储、使用、开放等各环节保障网络安全的范围边界、责任主体和具体要求,切实加强对涉及国家利益、公共安全、商业秘密、个人隐私、军工科研生产等信息的保护;妥善处理发展创新与保障安全的关系,审慎监管,保护创新,探索完善安全保密管理规范措施,切实保障数据安全。

(3)大数据用户隐私问题

大数据环境下通过对用户数据的深度分析,很容易了解用户行为和偏好,乃至企业用户的商业机密,对个人隐私和商业秘密的保护问题必须引起充分重视。因此,应加强对数据滥用、侵犯个人隐私等行为的管理和惩戒。推动出台相关法律法规,加强对基础信息网络和关键行业领域重要信息系统的安全保护,保障网络数据安全;从管理的角度来说,需要加强对数据开放的审核工作,必要时进行加密处理,并采取策略防止关联分析;从技术的角度来说,需要研究适用于大数据环境的隐私保护机制,如改进同态加密技术,以及基于关联分析的隐私安全评价体系。

(4)数据所有权问题

数据是有价值的,是可以变现的,未来数据的使用可能都需要经过用户授权。但数据所有权如何确定(即数据确权)?如何合理合法使用数据?数据公司是否有权将它们用于内部营销、广告、信用征信?这些问题的解决需要政府、企业、社会多方合作,推动网上个人信息保护立法工作,界定个人信息采集应用的范围和方式,明确相关主体的权利、责任和义务。当然,现行的运行实践可提供给我们很好的参考。从企业的角度,首先要解决数据所有权问题,如免费或让利与用户签订契约;其次要明确告知数据收集的内容和用途,如征信等是需要用户授权才可以操作的。

(5)大数据分析的人才紧缺与培养问题

大数据分析需要复合型人才,既能够掌握对数学、统计学、商业、机器学习和自然语言处理等多方面知识,又能够了解数据和信息如何与企业的业务产生关联,同时需要很强的逻辑分析能力和商业洞察能力。这类人才缺口较大,社会需求强烈。因此,应创新人才培养模式,建立健全多层次、多类型的大数据人才培养体系。

①鼓励高校设立数据科学和数据分析相关专业,重点培养专业化大数据分析人才。

②鼓励采取跨校联合培养等方式开展跨学科综合型人才培养,大力培养具有统计分析、计算机技术、经济管理等多学科知识的跨界复合型人才。

③鼓励高等院校、职业院校和企业合作,加强职业技能人才实践培养,积极培育大数据技术和应用创新型人才。

④依托社会化教育资源,开展大数据知识普及和教育培训,提高社会整体认知和应用水平。

1.5　案例:上海联通大数据应用实践

根据市场研究机构 Juniper Research 发布的报告,2014 年,受 OTT 服务提供商(如 WhatsApp,Facebook 和 Skype 等)抢夺市场影响,全球各地的网络运营商的语音、短信和流量收入减少 140 亿美元,较 2013 年同比大降 26%。在国内市场,上海联通的传统收入项目发展也遇到瓶颈。然而,伴随着数字化转型的浪潮,大数据为上海联通找到了新的价值出口,作为通信运营商的上海联通拥有独特的时空数据资源,如图 1-2 所示。利用数据分析开展业务创新,实现服务转型。

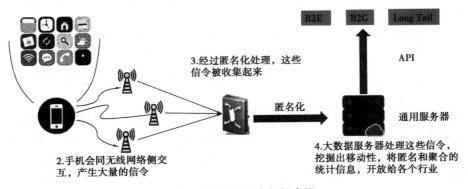

图 1-2　上海联通的大数据来源

上海联通拥有 800 万在网手机用户,一方面依托庞大的用户和数据资产(见表 1-1),上海联通通过整合各个信息系统用户数据,提升洞察用户行为、判断用户偏好的各种能力,构建了完备的用户标签体系和用户画像系统,对内实现了基于大数据能力的精细化运营,见表1-2。另一方面,上海联通积极与其他行业进行创新合作,以运营商独有的用户行为深度分析为基础,进行深层次数据加工,为政府和其他行业提供数据应用解决方案。

表 1-1　上海联通的数据资源分类

数据资源分类	产生内容数量
上网行为数据	每人每天平均产生 700 条上网话单,每年产生 1 825 000 000 000 次
关系圈数据	每人平均与 60 个人产生通信交往,一共有 2.1 亿个点对点关系
位置数据	每人每天产生 1 000 次位置信息,每年产生 2 555 000 000 000 次

表 1-2　上海联通大数据用户标签体系分类表

用户属性类型	用户属性内容指标
自然属性	基本属性:年龄、性别、姓名、证件、联系地址 位置属性:早高峰活动片区、晚休闲活动片区、日均小区切换次数、频繁开关机小区 交往属性:语音交往圈个数、语音交往圈核心客户标识、短信交往圈成员数
社会属性	身份属性:客户类型、内部客户标识、红名单标识、黑名单标识 家庭属性:开通家庭账户标识、户主标识、所属家庭入网时间、用户所属家庭社区经理 集团属性:集团编码、集团类型、关键人物类型、集团客户经理 校园属性:学校标识、学生影响力编码、入学年份、在校职务
电信属性	账户属性:3G 客户标识、双卡客户标识、入网渠道、在网时长、客户稳定值评分 终端属性:终端类型、终端品牌、终端价位、在网时长、屏幕分辨率、上次换机时间 行为属性-语音业务行为:本地通话、漫游通话、长途通话、行业拨打等行为的次数 　　　　　-数据业务行为:各种数据的登录、访问、下载、评论 订购属性:各种个人产品、家庭产品、集团产品的订购标识 消费属性:账单中各项业务或产品的消费费用、客户消费倾向、敏感度 接触属性-服务接触:包括实体渠道电子渠道的服务类型、各种服务类型的偏好度 　　　　　-营销接触:参加各种营销活动的参与次数、响应次数、订购转化次数
互联网属性	流量使用属性:总流量、计费流量、上行下行总流量、生活区流量使用占比、网页浏览流量占比 应用使用属性:各类 APP 应用的使用次数、流量、使用时段、APP 类型偏好度 内容访问属性:各互联网内容的访问次数、流量、内容偏好度 行为属性搜索:使用搜索引擎的次数、引擎偏好、搜索类型内容偏好、搜索关键字

　　上海联通目前已经建成了性能先进、数据齐全、安全可靠、灵活多样的大数据内外部应用体系和产品体系。在内部层面上,上海联通大幅度提高企业运营的效率,助推企业的数字化转型。在外部业务创新方面,上海联通利用自身的软件开发能力,已构建成大数据对外合作标准平台,如图 1-3 所示,并提供了丰富的对外合作标准化产品,如图 1-4 所示。

　　在兴趣标签开放系统方面,上海联通和晶赞科技针对大数据应用方面进行合作,通过对数据的加密和脱敏,在保证数据安全性的前提下,实现数据的商业转化。目前,已合作推出了针对运营商移动端的互联网营销渠道产品,并在数据管理、智慧营销、商业智能决策等方

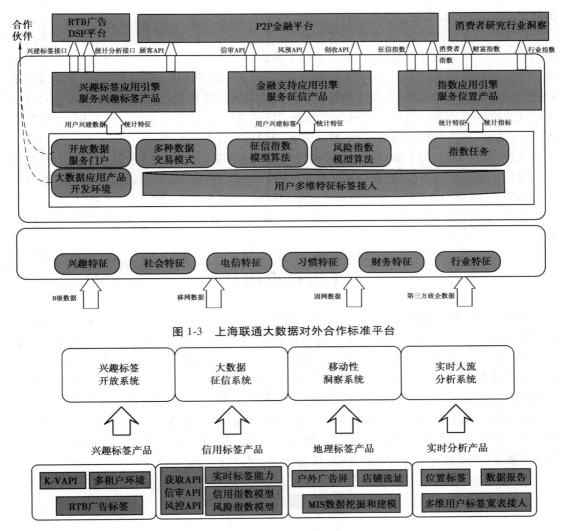

图 1-3　上海联通大数据对外合作标准平台

图 1-4　上海联通大数据对外合作标准化产品

面进行了深度合作。

在大数据征信系统方面,上海联通开展了基于用户联络圈和既有通信行为的对外变现实践,通过对个人用户过往使用记录(话费构成、互联网使用习惯、地理位置等)进行分析,对用户信用做出相应评级,为金融机构提供个人信用报告。同时,可监测用户的话务量、开关机、互联网用户访问量等关键指标,对个人贷款发放后用户情况进行风险预警;结合地理位置信息,勾勒信用卡持有人的消费和行为特征,提供银行等发卡机构参考,为用户提供精准的优惠信息。

在移动性洞察系统方面,上海联通与上海报业集团签订了"基于大数据分析的新媒体内容制作及面向移动互联网的精准化传播"协议,上海联通基于客户标签服务,对用户的使用能力和行为喜好进行细分,构建增值业务推荐模型,改变普遍营销模式,个性化地向对不同地域人群定制特色新闻内容、定点发送特色信息、实现对用户的精准营销,提升了手机媒体的阅读率和影响力,增强了新媒体的传播能力。

在实时人流系统方面,上海联通与上海统计局合作,通过用户手机的移动无线网络信令数据以基站为单位统计人流信息,从而实现上海地区指定范围内客流的实时监测,并进行性别、年龄、客源地的统计分析,实现人口密度动态分布和停留特征画像。定期发布区域内不同时间段内区域人口总量、人口结构、人口迁入迁出情况、迁移轨迹、工作分布等信息。对内可辅助支撑运营商渠道选址以及网络化服务,对外提供基于位置信息的行业应用,如智能交通、城市规划、旅游智能化管理、户外媒体效果监测及位置营销等。

大数据分析已成为上海联通的核心战略资产,上海联通依据大数据分析开发的产品将广泛应用于实时广告竞价、金融、保险、理财、交通、广告及零售等多个领域,在为行业客户带去更为简洁、高效、实时的行业应用解决方案的同时,也提升了自身的核心竞争力。

总之,大数据正成为上海联通数字化转型的核心、创新型收入的来源、重构生态圈的基石。

【本章小结】

随着大数据的爆炸性增长,大数据的应用需求也深入社会需求的各个领域。大数据已突破体量的"大",而追求实际的"用",这也正是大数据分析的现实意义所在。本章介绍了大数据的基本定义、基本特征及其与云计算的关系,并依据数据产生主体、数据来源行业、数据存储形式3个不同维度归纳了大数据的来源与分类;从时间维度以及宏观、中观(行业)、微观(企业)应用视角详细阐述了大数据分析的价值及其带来的挑战;通过上海联通大数据的应用实践案例从多个角度直观地阐明了大数据分析的具体应用。当今"大数据"一词的实质内涵已超出其基本定义,它更代表着一种现象、一种理念和一种思维。运用大数据思维去看待大数据,方可更好开展大数据挖掘,实现大数据分析的真正价值。

【关键术语】

大数据　　云计算　　大数据分析

【复习思考题】

1.选择两家以上购物网站(如亚马逊、天猫等)进行体验,思考大数据给消费者带来的体会和影响。

2.结合具体行业或企业,试论述大数据会对企业带来哪些机遇和挑战。

3.结合具体行业或企业的现实需求,讨论如何应用大数据分析。

4.大数据环境下企业应如何保护用户隐私?

5.大数据环境下数据资产如何确定所有权?

第 2 章
大数据生态系统

📖 【本章学习目标与要求】

- 了解大数据的生命周期。
- 掌握大数据的技术背景。
- 掌握 Hadoop 生态系统。
- 掌握 Spark 计算框架与 Spark 生态系统。

大数据的生态系统,即大数据产生、收集、处理、存储、挖掘与分析的有机整体。大数据在其生命周期中,每个过程都有相应的组件进行处理,这些组件共同组成了 Hadoop 生态系统或者 Spark 生态系统,形成大数据分析的技术架构。

2.1　Hadoop 生态系统

2.1.1　Hadoop 基本概念与发展历程

Hadoop 是一个分布式系统基础架构,包含分布式存储与分布式计算系统,由 Apache 基金会支持开发。它可使用户在不了解分布式底层细节的情况下开发分布式程序,充分利用集群的威力进行高速并行运算和存储。其最核心的组件就是 MapReduce 计算框架和分布式文件系统(Hadoop Distribute File System,HDFS)。

Hadoop 实现了单个服务器到多个服务器集群的自由扩展,每个服务器提供本地的计算与存储。比起依靠硬件的高可用性,Hadoop 自身就可对应用层的错误进行检查与处理。因此,Hadoop 依靠计算机集群提供高可用性的服务,而计算机集群中的每个计算机都不必有太高的硬件配置。

随着越来越多的用户加入使用、贡献和完善,Hadoop 从一个开源的 Apache 基金会项目逐渐形成一个强大的生态系统。从 2009 年开始,随着云计算和大数据的发展,Hadoop 作为海量数据分析的最佳解决方案,开始受到许多 IT 厂商的关注,从而出现了许多 Hadoop 的商业版以及支持 Hadoop 的软硬件产品。Hadoop 的发展历程如图 2-1 所示。

图 2-1　Hadoop 发展历程

Hadoop 是 Doug Cutting(Apache Lucene 创始人)开发的使用广泛的文本搜索库。Hadoop 起源于 Apache Nutch。Nutch 是一个可以运行的网页爬取工具和搜索引擎系统。Nutch 运营到后期,开发者发现这一架构的可扩展度不够,不能解决数十亿网页的搜索问题。而 2003 年谷歌发布的谷歌分布式文件系统(Google File System,GFS)可解决他们在网页爬取和索引过程中产生的超大文件的存储需求。特别关键的是,GFS 能够节省系统管理(如管理存储节点)所花费的大量时间。

2004 年,Apache 开始着手实现一个开源的分布式文件系统,即 Nutch 的分布式文件系统(Nutch Distribute File System,NDFS)。同年,谷歌向全世界介绍了他们的 MapReduce 计算框架。

2005 年初,Apache 的开发人员在 Nutch 上实现了一个 MapReduce 系统。到年中,Nutch 的所有主要算法均完成移植,使用 MapReduce 和 NDFS 来运行。

Nutch 的 NDFS 和 MapReduce 不只是适用于搜索领域。2006 年 2 月,Apache 的开发人员将 NDFS 和 MapReduce 移出 Nutch 形成 Lucene 的一个子项目,称为 Hadoop。大约在同一时间,Doug Cutting 加入雅虎。雅虎为此组织了专门的团队和资源,将 Hadoop 发展成为一个能够处理 Web 数据的系统。2008 年 2 月,Yahoo! 宣布其搜索引擎使用的索引是在一个拥有 1 万个内核的 Hadoop 集群上构建的。

2008 年 1 月,Hadoop 已成为 Apache 的顶级项目。到目前为止,除 Yahoo! 之外,还有很多公司使用了 Hadoop,如 Last.fm,Facebook 以及《纽约时报》等。《纽约时报》将扫描往年报纸获得的 4 TB 存档文件通过亚马逊的 EC2 云计算转换成 PDF 文件,并上传到网上。整个过程使用了 100 台计算机,历时不到 24 小时。如果不将亚马逊的按小时付费的模式(即允许《纽约时报》短期内访问大量机器)和 Hadoop 易于使用的并发编程模型结合起来,该项目很可能不会这么快开始启动并完成。

2008 年 4 月,Hadoop 打破世界纪录,成为最快的 TB 级数据排序系统。通过一个 910 节点的群集,Hadoop 在 209 s 内完成了对 1 TB 数据的排序,击败了前一年的 297 s 冠军。同年 11 月,谷歌声称它的 MapReduce 对 1 TB 数据排序只用了 68 s。2009 年 5 月,有报道称 Yahoo! 团队使用 Hadoop 对 1 TB 数据进行排序只花费了 62 s。

需要说明的是,Hadoop 技术虽然已经被广泛应用,但该技术无论在功能还是稳定性等方面还有待进一步完善,因此 Hadoop 仍在不断开发和升级维护的过程当中,新的功能也在不断地被添加和引入。读者可关注 Apache Hadoop 的官方网站了解最新的信息。

2.1.2　Hadoop 生态系统

Hadoop 采用 Master/Slave 结构。Master 是整个集群的唯一全局管理者,功能包括作业管理、状态监控、任务调度和资源管理,即 MapReduce 中的 JobTracker。JobTracker 是一个后台服务进程,启动之后会一直监听并接收来自各个 TaskTracker 发送的心跳信息,包括资源使用情况和任务运行情况等。Slave 负责任务的执行和任务状态的汇报,即 MapReduce 中的 TaskTracker。TaskTracker 是 JobTracker 和 Task 之间的桥梁:一方面,从 JobTracker 接收并执行各种命令,包括运行任务、提交任务、杀死任务等;另一方面,将本地节点上各个任务的状态通过心跳周期性汇报给 JobTracker。TaskTracker 与 JobTracker 和 Task 之间采用了远程过程调用(Remote Procedure Call,RPC)协议进行通信。

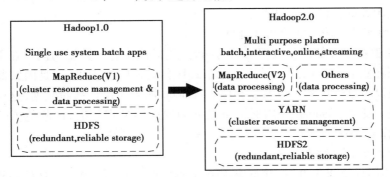

图 2-2　Hadoop1.0 到 Hadoop2.0

Hadoop 框架的核心设计就是 MapReduce 和 HDFS。MapReduce 为海量的数据提供了计算,HDFS 为海量的数据提供了存储。如图 2-2 所示,Hadoop1.0 只是一个批处理任务的作业系统。在 Hadoop1.0 时代,MapReduce(V1)既是作业处理的计算框架,同时也承担集群的资源管理调度任务。在 Hadoop2.0 时代,将作业处理与资源管理框架分离,开发出了"另一种资源协调者(Yet Another Resource Negotiator,YARN)",它是一种新的 Hadoop 资源管理器。YARN 作为一个通用资源管理系统,可兼容各种计算框架,为上层应用提供统一的资源管理和调度,它的引入为集群在利用率、资源统一管理和数据共享等方面带来了巨大好处。正是由于 YARN 的引入,Hadoop2.0 成为了一个集离线计算、实时计算、交互式计算、流式计算等功能的强大的大数据分析平台。

1)Hadoop 设计思想

Hadoop 也是一个开源、高效的云计算实现平台,其不仅在云计算领域用途广泛,同时在海量数据处理、数据挖掘、机器学习、科学计算等领域也越来越受到青睐。

Hadoop 通过简化数据密集度,高度并行分布式应用的实现来应对大数据带来的挑战。全球诸多企业、大学和其他组织都在使用 Hadoop,它允许把大的任务划分为小的工作段,并分派到上千台计算机上,提供快速的分析速度和海量数据的分布式存储。Hadoop 为存储海量数据提供了一种经济的方式,它提供一种可扩展且可靠的机制,用一个商用硬件集群来处理大量数据,而且它提供新颖的和更先进的分析技术,允许对不同结构的数据进行复杂的分析处理。

Hadoop 从以下 3 个方面区别于之前的分布式方案:数据预先就是分布式的;为了保证可靠性和可用性,数据在整个计算机集群中进行备份;数据处理力图在数据存储的位置进行,从而避免产生带宽瓶颈。

Hadoop 提供一种简单的编程方式,将之前分布式实现中存在的复杂性进行抽象。其结

果是,Hadoop 为数据分析提供了强大的机制,包含以下 3 个方面:

(1)海量存储

Hadoop 允许应用使用成千上万的计算机和 PB 数量级的数据。在过去的 10 年里,计算机专家已意识到廉价的"商用"系统可用于性能需求高的计算应用,而这些计算以前只能由超级计算机来处理。将数以百计的"小型"计算机配置为集群,就能以相对低廉的价格获得总体上远远超过单个超级计算机的计算能力。Hadoop 可利用超过数千台机器的集群,以低廉的价格提供庞大的存储和处理能力。

(2)支持快速数据访问的分布式处理

Hadoop 集群提供存储海量数据能力的同时,还提供快速的数据访问。在 Hadoop 之前,并行计算应用在集群中的机器之间执行分布式任务时面临着困难,这是因为此种集群执行模型依赖于极高 I/O 性能的共享数据存储。Hadoop 把程序执行移向数据,这样缓解了许多性能上的挑战。此外,Hadoop 应用通常被设计为顺序的处理数据,这避免了随机数据访问(磁盘寻道操作),进一步降低了 I/O 负载。

(3)可靠性、失效转移和可扩展性

过去,当使用计算机集群时,并行应用亟待解决可靠性的问题。尽管单一机器的可靠性相当高,但随着集群规模的增长,失效概率也在增加。在一个大集群(成千上万台机器)中,每天出现失效并不鲜见。基于 Hadoop 的设计和实现方式,一台机器失效(或者一组机器失效)将不会导致不一致的结果,Hadoop 可以监测失效并重新执行(使用不同的节点)。此外,Hadoop 内置的可扩展性允许无缝地向集群添加额外的(修理好的)服务器,并且将它们用于数据存储和程序执行。

对于多数 Hadoop 用户来说,Hadoop 最重要的特性是业务逻辑程序与框架支持代码的清晰分离。对于想要关注业务逻辑的用户,Hadoop 隐藏了框架的复杂性,为解决困难问题而进行的复杂、分布式计算提供了一个简单易用的平台。

2)Hadoop 重要组件

Hadoop 生态系统在不断地增长,图 2-3 展示了 Hadoop 生态系统的核心组件。接下来将分别从数据收集、数据存储、数据计算框架、数据挖掘、系统监控与管理各功能模块简单介绍 Hadoop 的重要组件。

(1)数据收集

①Flume

Flume 是一个分布式的具有可靠性和高可用性的服务,用于从单独的机器上将大量数据高效地收集、聚合并移动到 HDFS 中,它基于一个简单灵活的架构,提供流式数据操作。它借助于简单可扩展的数据模型,允许将来自企业多台机器上的数据移至 Hadoop。

②Kafka

Kafka 是一个分布式且基于发布-订阅模式的消息系统,最初由 LinkedIn 公司开发设计,使用 Scala 编写。Kafka 最突出的特性有高吞吐量、可水平拓展、异步通信及可靠性。Kafka 以集群方式运行,可由一个或多个服务(broker)组成,producers 通过网络将消息发送至 Kafka 集群,集群向消费者提供消息。

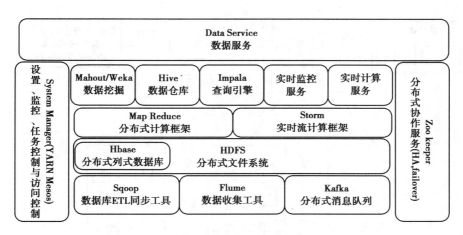

图 2-3　Hadoop 生态系统

（2）数据存储

①Hbase

Hbase 是一个构建在 HDFS 上的面向列的 NoSQL 数据库，用于对大量数据进行快速读取/写入。Hbase 是一个分布式、版本化的、面向列的、多维度的存储系统，在设计上具备高性能和高可用性。

②Hive

Hive 是数据分析与处理的工具，并不具备数据存储的功能，它相当于对 HDFS 上底层数据封装，类似于 SQL 的高级语言，用于执行对存储在 Hadoop 中数据的查询。Hive 允许不熟悉 MapReduce 的开发人员编写数据查询语句，它会将其翻译为 Hadoop 中的 MapReduce 作业。Hive 是一个抽象层，但更倾向于面向较熟悉 SQL 而不是 Java 编程的数据库分析师。

③HDFS

HDFS 是 Hadoop 生态系统的基础组件，它的设计思想基于 Google 文件系统。HDFS 的机制是将大量数据分布到计算机集群上，数据一次写入，但可多次读取用于分析。它是其他一些工具的基础，如 Hbase 与 Hive。

HDFS 被实现为一种块（Block）结构的文件系统，单个文件被拆分成固定大小的块，而这些块保存在 Hadoop 集群上。一个文件可由多个块组成。图 2-4 展示了 HDFS 的 3 个重要角色：NameNode，DataNode 和 Client。NameNode 可看成分布式文件系统中的管理者，主要负责管理文件系统的命名空间、集群配置信息、存储块的复制。NameNode 会在内存中存储文件系统的元数据（Meta-data），主要包括了文件信息、每一个文件对应的文件块的信息、每一个文件块在 DataNode 的信息。DataNode 是文件存储的基本单元，它在本地文件系统中存储 Block，保存了 Block 的 Meta-data。同时，周期性地发送所有存在的 Block 的报告给 NameNode。Client 就是需要获取分布式文件系统文件的应用程序。

文件块的副本存放策略：第一个副本放置在上传的 DataNode，如果是集群外提交，则随机挑选一台磁盘、CPU 相对空闲的节点；第二个副本放置在不同于第一个副本机架的节点上；第三个副本放置在与第二个副本相同机架的节点上；更多副本就随机存放在集群上的相

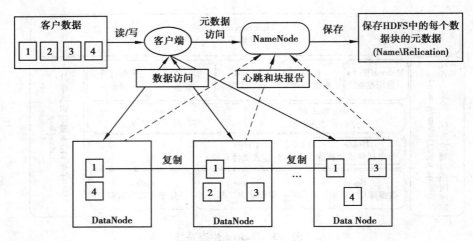

图 2-4　HDFS 架构

对空闲节点上。

　　副本存放在哪些 DataNode 上由 NameNode 来控制，根据全局情况作出放置决定。读取文件时，NameNode 尽量让用户程序先读取最近的副本，降低读取延时。对这种块结构文件系统的要求之一是能够可靠地存储、管理和访问文件元数据，并提供对元数据存储的快速访问。元数据可被大量客户端同时访问和修改，始终保持这些信息的同步非常重要。HDFS 集群中通过 NameNode 的专用特殊机器来解决该问题。NameNode 是一个中心服务器、单一节点，负责管理文件系统的命名空间（Name Space），以及客户端对文件的访问。这意味着 HDFS 实现了一种主/从架构。

　　NameNode 全权管理数据块的复制，它周期性地从集群的每个 DataNode 接收心跳信号和块状态报告（BlockReport）。接收到心跳信号则意味着该 DataNode 节点正常工作；块状态报告包含了一个 DataNode 上所有数据块的列表，它用于验证 DataNode 上的块列表与 NameNode 中的信息是否一致。DataNode 在启动时要做的首要事情就是将块状态报告发送到 NameNode。这允许 NameNode 迅速构建出整个集群中块分布的图景。

　　HDFS 支持传统的层次化文件组织结构。它支持某个目录下文件的创建和删除、在不同目录之间移动文件等。它还支持用户配额和读/写权限。

　　具体来说，HDFS 适合以下应用场景：

　　①能够保存非常大的数据量（TB 级或 PB 级）。HDFS 的设计支持将数据散布在大量机器上，而且与其他分布式文件系统（如 NFS）相比，它支持更大的文件尺寸。

　　②可靠地存储数据。为应对集群中单台机器的故障或不可访问的问题，HDFS 使用数据复制的方法。

　　③适合处理非结构化数据，并允许数据在本地读取并处理。

　　④HDFS 的应用模式为一次写入多次读取（Write-Once-Read-Many）的存储模式，它假定数据一次性写入 HDFS，然后多次读取。

（3）计算处理

①MapReduce

Hadoop 的主要执行框架是 MapReduce，简单解释 MapReduce 即"任务的分解与结果的汇总"。它是一个用于分布式并行数据处理的编程模型，将作业分为 Map 阶段和 Reduce 阶段。开发人员为 Hadoop 编写 MapReduce 作业，并使用 HDFS 中存储的数据，而 HDFS 可保证快速的数据访问。鉴于 MapReduce 作业的特性，Hadoop 以并行的方式将处理过程移向数据，从而实现快速处理。

②Impala

Impala 是一个大规模并行处理（Massively Parallel Processing，MPP）式 SQL 大数据分析引擎，其借鉴了 MPP 并行数据库的思想，抛弃了 MapReduce 这个不太适合做 SQL 查询的范式，从而让 Hadoop 支持处理交互式的工作负载。

③Storm

Storm 是一个分布式的、容错的实时计算系统。Storm 为分布式实时计算提供了一组通用原语，可被用于"流处理"之中，实时处理消息并更新数据库，这是管理队列及集群的另一种方式。Storm 也可被用于"连续计算（Continuous Computation）"，对数据流做连续查询，在计算时就将结果以流的形式输出给用户。它还可被用于"分布式 RPC"，以并行的方式运行昂贵的运算。

（4）数据挖掘

Mahout 是一个机器学习和数据挖掘的库，提供用于聚类、回归测试和统计建模常见算法的 MapReduce 实现。

（5）监控与管理

①Zookeeper

Zookeeper 是 Hadoop 的分布式协调服务。Zookeeper 被设计成可在计算机集群上运行，是一个具有高度可用性的服务，用于 Hadoop 操作的管理，而且很多 Hadoop 自检都依赖它。

②Oozie

Oozie 是一个可扩展的 Workflow 系统。Oozie 已经被集成到 Hadoop 生态系统中，用于协调多个 MapReduce 作业的执行。它能够处理大量的复杂性，基于外部事件（定时或所需数据是否存在）来管理执行。

③YARN

YARN 是一种新的 Hadoop 资源管理器。YARN 对集群的可伸缩性、可靠性和集群利用率进行了提升。YARN 实现这些需求的方式是把 JobTracker 的两个主要功能（资源管理和作业调度/监控）分成了两个独立的服务程序——全局的资源管理（ResourceManager）和针对每个应用的管理 Master（ApplicationMaster）。这里说的应用，要么是传统意义上的 MapReduce 任务，要么是任务的有向无环图（Directed Acyclic Graph，DAG）。图 2-5 展示了 YARN 的作业处理流程。图 2-6 展示了 YARN 的架构与重要组件。

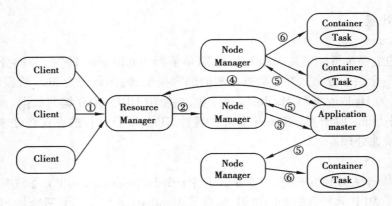

图 2-5　YARN 作业流程

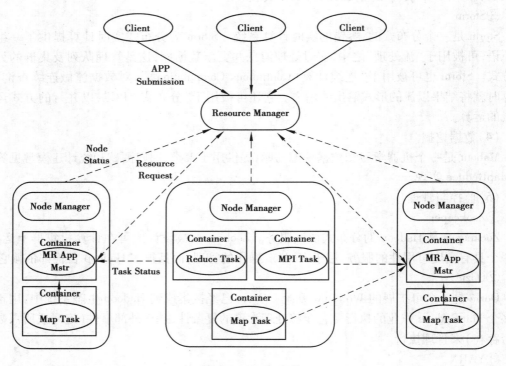

图 2-6　YARN 架构

2.1.3　Hadoop 优势和局限

1)Hadoop 的优势

(1)处理超大文件

Hadoop 能够保存并处理非常大的数据量(TB 级或 PB 级),Hadoop 的设计支持将数据散布在大量机器上,可支持超大的文件尺寸。

(2)低成本

与一体机、商用数据仓库和数据集市相比,Hadoop 是开源的,项目的软件成本因此大大降低。另外,Hadoop 集群的构建完全选用价格便宜、易于扩展的低端商用服务器,而非价格昂贵、不易扩展的高端服务器。

(3)高扩展性

Hadoop 是在可用的计算机集群间分配数据并完成计算任务的,这些集群可方便地扩展到数以千计的节点中,并且随着节点数目的增长其计算性能保持近似于线性的增长。

(4)高可靠性

Hadoop 创建了多份数据块(Data Blocks)的复制,并将它们放置在服务器群的计算节点中(Compute Nodes),MapReduce 就可在它们所在的节点上处理这些数据。

(5)高容错性

Hadoop 集群中使用大量的低端服务器,节点硬件失效和软件出错是常态。但是,集群能自动检测并隔离出错节点,并调度分配新的节点接管出错节点的计算任务。

2) HDFS 的局限

(1)HDFS 随机查找性能不高

HDFS 针对高速流式读取性能做出优化,降低了随机查找性能,也即如果应用程序需要从 HDFS 读取数据,那么应该避免查找,或者至少最小化查找的次数。顺序读取是访问 HDFS 文件的首选方式。

(2)HDFS 仅支持一组有限的文件操作(写入、删除、追加和读取,不支持更新)

HDFS 假定数据一次性写入多次读取。尽管从技术上讲,可将更新实现为覆盖,但这种粒度的实现(覆盖仅能工作在文件级别上)在大多数情况下成本过高。

(3)HDFS 不提供本地数据缓存机制

由于缓存的开销非常大,应用程序只能每次从 HDFS 上的源文件重新读取数据,所以运行在 Hadoop 上的应用程序通常是顺序的读取数据文件。

(4)HDFS 并不适用于较小的文件

尽管从技术上讲 HDFS 支持较小的文件,但它们的存在会造成 NameNode 内存的显著开销,因而降低了 Hadoop 集群内存容量的上限。

3) MapReduce 的局限

(1)仅适合 Map+Reduce 的计算模型

这个模型并不适合描述复杂的数据处理过程,很多计算(如迭代计算、机器学习算法、图计算等),本质上并不是一个 Map/Reduce 结构。

(2)不适合交互式计算与流式计算

MapReduce 是一个离线批处理系统,它不适合事务/单一请求处理,如实时的交互式计算与流式计算。

(3)MapReduce 编程不够灵活

MapReduce 编程模型需要有完整的 Map,Shuffle,Reduce 过程的 API 接口,对于生产开发来说效率低下。

HDFS 与 MapReduce 的局限也造成了 Hadoop 系统的一些不足。针对这些问题,UC Berkeley AMP lab 在开源环境下实现了类 Hadoop MapReduce 的通用并行框架——Spark。

Spark 拥有 Hadoop MapReduce 所具有的优点,而它与 MapReduce 的不同之处在于,中间结果可保存在内存中,从而不再需要重复读写 HDFS。因此,Spark 能更好地适用于数据挖掘与机器学习等需要迭代的 MapReduce 算法。关于 Spark 的介绍请见 2.2 节。

2.2　Spark 生态系统

2.2.1　Spark 的产生及其特点

Spark 是一个基于内存计算的快速且通用的大数据处理框架,它减少了处理过程中的数据落地,可极大地提高大数据环境下数据处理的实时性;同时,Spark 提供了一个统一且全面的计算框架来处理不同的需求,使得数据分析变得更加快速和便捷。

MapReduce 计算模型在大规模数据分析领域已占据了相当重要的地位。其分布式的计算框架解决了数据分布式存储、作业调度、容错等复杂的问题,它能将负载均衡、自动并行化等诸多烦琐的细节隐藏起来,为开发人员提供一个便捷的操作环境。图 2-7 展示了一个理想的大数据分析解决方案。但由于 MapReduce 仅支持 Map 和 Reduce 两种操作,不适合描述复杂的数据处理过程,其迭代计算效率低,不适合做交互式处理及流式处理。而现有的各种计算框架又各自为战,用户在进行数据分析时可能需要切换到不同的分布式平台场景,这样就造成实际操作的烦琐及时间的损耗。为解决这些问题,建立一个能同时进行批处理、流式计算、交互式计算等多样化的灵活框架,Spark 应运而生。

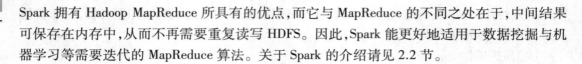

Ideal Solution for Big Data Analytics

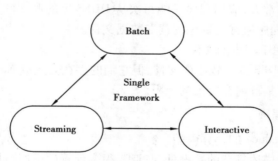

图 2-7　大数据分析的理想方案

Spark 于 2009 年由加州大学伯克利分校 AMP 实验室(Algorithms, Machines, and People Lab,AMPLab)开发而成,起初属于伯克利大学的研究性项目,于 2010 年正式开源。2013 年 6 月,Spark 进入 Apache 软件基金会成为孵化项目,并在 2014 年 2 月取代 MapReduce 迅速成为 Apache 的顶级项目。2016 年 3 月,Spark 发布 1.6.1 版本。目前,Spark 正凭借其独有的优势迅猛发展。

Spark 具有以下特点:

1) 运行速度快

Spark 拥有 DAG 执行引擎,支持在内存中对数据进行迭代计算。如果数据由磁盘读取,

速度大约是 Hadoop MapReduce 的 10 倍以上。如果数据从内存中读取,速度可高达 100
多倍。

2)易用性好

Spark 不仅支持 Scala 编写应用程序,而且支持 Java 和 Python 等编程语言。特别是 Scala
是一种高效、可拓展的语言,可像操作本地集合一样轻松地操作分布式数据集,使得代码更
精简、开发效率更高。

3)通用性强

Spark 生态系统,即伯克利数据分析栈(Berkeley Data Analytics Stack,BDAS)包含了
Spark Core,Spark SQL,Spark Streaming,MLLib 和 GraphX 等组件,如图 2-8 所示。它们都由伯
克利实验室提供,能够无缝的集成并提供一站式解决平台。

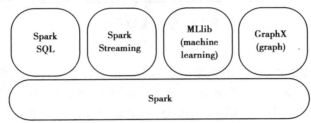

图 2-8 Spark 组件

4)随处运行

Spark 能够兼容很多底层存储结构,能够读取 HDFS,Cassandra,HBase,S3 和 Tachyon 为
持久层读写原生数据,能够以 Mesos,YARN 和自身携带的 Standalone 作为资源管理器调度任
务,来完成 Spark 应用程序的计算。

2.2.2 Spark 生态系统

1)伯克利数据分析栈

Spark 生态系统,也就是伯克利数据分析栈(Berkeley Data Analytics Stack,BDAS),是
AMPLab 精心打造的,力图在算法、机器、人之间通过大规模集成来展现大数据应用的平台。
其核心引擎就是 Spark,其计算基础是弹性分布式数据集(Resilient Distributed Datasets,
RDD)。通过 Spark 生态系统,AMPLab 运用大数据、云计算、通信等各种资源,以及各种灵活
的技术方案,对海量不透明的数据进行甄别并转化为有用的信息,以供人们更好地理解世
界,应用数据以达到合理决策的目的。

如图 2-9 所示,Spark 生态系统以 Spark 为计算引擎,以 HDFS,Tachyon 为持久层读写原
生数据,以 Mesos,YARN 等进行资源管理。而这些 Spark 应用程序可来源于不同的组件,如
可实时处理数据流的 Spark Streaming、可进行即时查询的 Spark SQL、可提供机器学习函数的
MLlib 及可进行图计算的 GraphX 等。总而言之,Spark 计算框架囊括了机器学习、数据挖掘、
数据库、信息检索、自然语言处理及语音识别等多个领域的应用。

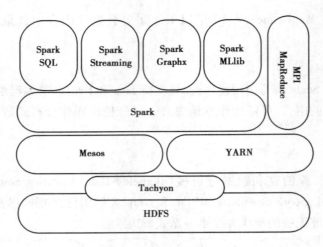

图 2-9　Spark 生态系统

2）Spark 架构

Spark 计算框架是整个 BDAS 的核心。生态系统中的各个组件通过 Spark 来实现对分布式并行任务处理的程序支持。与 Hadoop 一样，Spark 也是 Master-Slave 架构。Master 对应集群中的含有 Master 进程的节点，Slave 是集群中含有 Worker 进程的节点。Master 作为整个集群的管理者，负责集群的正常运行；Worker 相当于计算节点，接收主节点的命令并定期向主节点汇报任务状态；Executor 负责具体任务的执行；Client 提交应用；Driver 控制一个应用的执行，如图 2-10 所示。

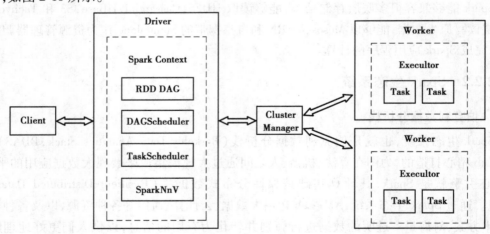

图 2-10　Spark 架构图

Spark 集群部署后，需要在主节点和从节点分别启动 Master 进程和 Worker 进程，对整个集群进行控制。在一个 Spark 应用的执行过程中，Driver 和 Worker 是两个重要角色。Driver 程序是应用逻辑执行的起点，负责作业的调度，即 Task 任务的分发，而多个 Worker 用来管理计算节点和创建 Executor 并行处理任务。

3）Spark 组件

（1）Spark SQL

Spark SQL 是 Spark 用来操作结构化及半结构化数据的接口，是一个即时查询系统，其前身为 Shark。Spark SQL 保留了 Shark 中最精华的部分，提供了一个便捷的途径来供用户进行交互式查询，如可从 Hive、Avro、ORC、Parquet 及 JSON 等各种数据源中读取数据。除了为 Spark 提供一个 SQL 接口，Spark SQL 还支持用户使用 DataFrame API（DataFrame 为一种以 RDD 为基础的分布式数据集）进行查询。Spark SQL 还支持用户使用 Python、Java、Scala 等多种语言进行编程。总而言之，Spark SQL 使得对结构化及半结构化的数据的读取及查询变得更加简易，效率也更高。

类似于关系型数据库，SparkSQL 也是语句也是由 Projection（a1，a2，a3），Data Source（tableA），Filter（condition）组成，分别对应 SQL 查询过程中的 Result，Data Source，Operation。也就是说，SQL 语句按 Result→Data Source→Operation 的次序来描述的。Spark SQL 语句的执行顺序如图 2-11 所示。

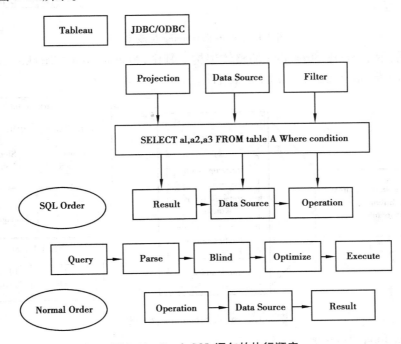

图 2-11　Spark SQL 语句的执行顺序

（2）Spark Streaming

Spark Streaming 是一个对实时数据流进行处理的可拓展、容错、高效的流式计算框架，它拓展了 Spark 进行流式大数据处理的能力。Spark Streaming 将数据流以时间片为单位分割形成 RDD，使用 RDD 操作处理每一块数据，每块数据都会生成一个 Spark Job 进行处理，最终以批处理的方式处理每个时间片的数据，如图 2-12 所示。

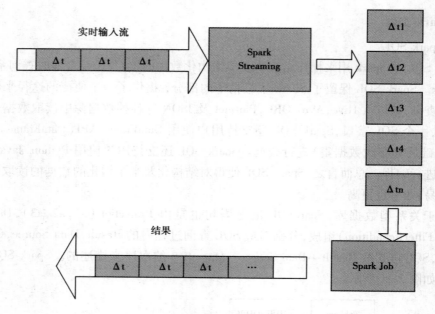

图 2-12 Spark Streaming 生成 Job

图 2-13 展示了 Spark Streaming 的整体架构。其中, Network Input Tracker, Job Scheduler 和 Job Manager 是 Spark Streaming 的重要组件。

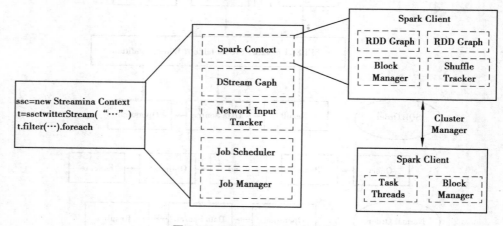

图 2-13 Spark Streaming 架构图

①Network Input Tracker

通过接收器接受数据流,并将数据映射为输入 DStream(使用 Discretized Stream 作为抽象表示,是随时间推移而收到的数据的序列)。

②Job Scheduler

周期性地查询 DStream 图,通过输入的流数据生成 Spark Job,将 Spark Job 提交给 Job Manager 执行。

③Job Manager

维护一个 Job 队列,将队列中的 Job 提交到 Spark 执行。通过图 2-12 可看到 Job

Scheduler 负责作用调度，Task Scheduler 负责分发具体的任务，Block Tracker 进行块管理。从节点上，如果是通过网络输入的数据流，Task Execution 负责执行主节点分发的任务，Block Manager 负责块管理。

（3）MLlib

MLlib 是 Spark 中提供机器学习函数的库，它提供了各种各样的算法，包括分类、回归、聚类、协同过滤、数据降维及底层优化等。除此之外，MLlib 还提供了模型评估、数据导入等功能。MLlib 以 RDD 的形式表现数据，并在分布式数据集上调用算法。简言之，MLlib 是 RDD 上一系列可供调用的函数的集合。图 2-14 展示了 MLlib 的架构。

MLlib 主要包含以下 3 个部分：

①底层基础，包括 Spark 的运行库、矩阵库和向量库。

②算法库，包含广义线性模型、推荐系统、聚类、决策树和评估的算法。

③实用程序，包括测试数据的生成、外部数据的读入等功能。

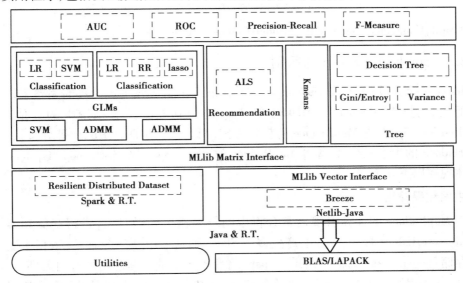

图 2-14　MLlib 架构图

（4）GraphX

GraphX 是 Spark 中用于图计算和并行图计算的程序库。GraphX 扩展了 Spark RDD，能用来创建一种顶点和边都带有属性的有向多重图，即弹性分布式属性图（Resilient Distributed Property Graph）。此外，GraphX 还在不断扩展用于简化图分析任务的图形算法，且在 Spark 上提供了一站式数据解决方案，可方便且高效地完成整套图计算工作。GraphX 的整体架构如图 2-15 所示。

GraphX 的架构可分为以下 3 部分：

①存储和原语层，Graph 类是图计算的核心类，内部含有 VertexRDD、EdgeRDD 及 RDD［EdgeTriplet］引用，GraphImpl 是 Graph 类的子类，实现了图操作。

②接口层，在底层 RDD 的基础上实现了 Pregel 模型、BSP 模式的计算接口。

③算法层，基于 Pregel 接口实现了常用的图算法，包括 PageRank、SVDPlusPlus，

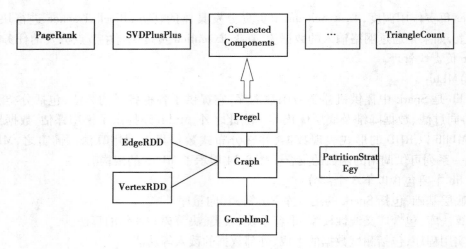

图 2-15 GraphX 架构图

TriangleCount, ConnectedComponents, StronglyConnectedComponents 等。

2.2.3 Spark 与 Hadoop 的区别

Spark 是一个计算框架, 而 Hadoop 是一个分布式存储与分布式计算的完整系统。其中最核心的组件是 MapReduce 与 HDFS。Hadoop 还包括在其生态系统上的其他组件, 如 Hbase, Hive 等。Spark 是 MapReduce 的替代方案, 而且兼容 HDFS, Hbase 等分布式存储层, 可融入 Hadoop 的生态系统, 以弥补 MapReduce 的不足。Spark 相比 Hadoop MapReduce 的优势主要体现在以下 6 个方面:

1) 中间结果输出

基于 MapReduce 的计算引擎通常会将中间结果输出到磁盘上, 进行存储和容错。而 Map, Shuffle 和 Reduce 操作, 往往会产生多个 Stage, 而这些串联的 Stage 又依赖于底层文件系统来存储每一个 Stage 的输出结果。Spark 将任务模型抽象为通用的有向无环图, 这可将多 Stage 的任务串联或者并行执行, 而无须将 Stage 中间结果输出到 HDFS 中。类似的引擎包括 Dryad, Tez。

2) 数据格式和内存布局

由于 MapReduce 中计算结果需要保存到磁盘上, 这样势必会引起较大的处理开销, 影响整体速度。而 Spark 把中间数据放到内存中, 迭代运算效率高。Spark 抽象出分布式内存存储结构——弹性分布式数据集 RDD, 进行数据的存储。RDD 只能支持粗粒度写操作, 但对于读取操作, RDD 可精确到每条记录, 这使得 RDD 可用来作为分布式索引。Spark 的特性是能够控制数据在不同节点上的分区, 用户可自定义分区策略, 如 Hash 分区等。Shark 和 Spark SQL 在 Spark 的基础之上实现了列存储和列存储压缩。

3) 执行策略

MapReduce 在数据 Shuffle 之前花费了大量的时间来排序, Spark 则可减轻上述问题带来的开销。因为 Spark 任务在 Shuffle 中不是所有情境都需要排序, 所以支持基于 Hash 的分布式聚合,调度中采用更为通用的任务执行计划图,每一轮次的输出结果在内存缓存,减少了迭代过程中数据的落地,提高了处理效率。

4) 任务调度的开销

传统的 MapReduce 系统,如 Hadoop 是为了运行长达数小时的批量作业而设计的,在某些极端情况下,提交一个任务的延迟非常高。Spark 采用了事件驱动的类库 Akka 来启动任务,通过线程池复用线程来避免进程或线程启动和切换开销。

5) 容错性

Spark 引进了弹性分布式数据集 RDD,它是分布在一组节点中的只读对象集合。这些集合是弹性的,如果数据集一部分丢失,则可根据"血统"(即数据的衍生过程)对它们进行重建。另外,在 RDD 计算时,可通过 CheckPoint 来实现容错。而 CheckPoint 有两种方式:冗余数据和日志记录更新操作。用户可控制采用哪种方式来实现容错。

6) 通用性

Hadoop 只提供了 Map 和 Reduce 两种操作,而 Spark 提供的数据集操作类型有很多种,大致分为 Transformations 和 Actions 两大类。Transformations 包括 Map,Filter,FlatMap,Sample,GroupByKey,ReduceByKey,Union,Join,Cogroup,MapValues,Sort 及 PartitionBy 等多种操作类型,同时还提供 Count。Actions 包括 Collect,Reduce,Lookup 及 Save 等操作。另外,各个处理节点之间的通信模型不再像 Hadoop,只有 Shuffle 一种模式,用户可以命名、物化以及控制中间结果的存储、分区等。由于以上原因,基于 Spark 计算框架的应用更多,如 Spark Streaming,Spark SQL,BlinkDB,MLlib,GraphX 及 SparkR 等。

2.3　Hadoop 和 Spark 的应用案例

2.3.1　Hadoop 在 Facebook 中的应用

Facebook 是美国的一个社交网络服务网站,于 2004 年 2 月 4 日上线。主要创始人为美国人马克·扎克伯格,Facebook 也是世界排名领先的照片分享站点。目前,Facebook 已经开发一款新的社会化收件箱,集成了电子邮件、即时通信、短信、文本信息、Facebook 站内信息。最重要的是,它们每个月需要存储几千亿条信息。随着 Facebook 用户的增多,网站需要处理和存储的日志数量不断增加。因此,在 Oracle 系统上实现的原始数据仓库已经不能满足 Facebook 的需要,Facebook 开始寻找新的数据平台。该平台必须具有支持系统扩展的快速应变能力,并且可信、易于使用和后期维护。

基于此,Facebook 开始寻找能够应用到它们环境中的开源技术。Hadoop 凭借着两点优势成为了 Facebook 的选择:一是因为 Yahoo! 作为 Hadoop 的先驱者也一直使用这一技术来完成后台数据处理需求;二是因为大家熟知的 Google 提出并普及使用的 MapReduce 模型具有简单性和可扩展性。

HBase 是一个可以横向扩张的表存储系统和基于列的键值存储系统,Facebook 选择了 HBase 来处理小组经常变化的临时数据和不断增加但很少访问的小组数据。它能提供信息系统所需要的两点功能：一是能够为大规模数据提供速度极快的低等级更新；二是 HBase 善于根据键访问行，以及对于一系列的行进行扫描和过滤。

HBase 是一个分布式的、面向列的开源数据库，不同于一般的关系数据库，它是一个适合于非结构化数据存储的数据库。另一个不同是 HBase 基于列的而不是基于行。用户存储数据行在一个表里。一个数据行拥有一个可选择的键和任意数量的列。表是疏松的存储的，因此，用户可以给行定义各种不同的列。HBase 主要用于需要随机访问，实时读写其大数据。

同时，HBase 还具备自动加载平衡和故障转移、压缩支持功能。HBase 所使用的文件系统 HDFS 支持复制、端对端校验以及自动再次平衡。

Facebook 通过选择 HBase 将极大地推动该系统的使用和运行，同时 Facebook 具有丰富的 HDFS/Hadoop/Hive 使用经验。HBase 在实时、分布、线性扩展、健壮、BigData、开源、基于列上的优势将使它变得更加流行。

2.3.2 Spark 在腾讯中的应用

腾讯公司成立于 1998 年 11 月，由马化腾、张志东、许晨晔、陈一丹、曾李青 5 位创始人共同创立，是中国最大的互联网综合服务提供商之一，也是中国服务用户最多的互联网企业之一。腾讯多元化的服务包括：社交和通信服务 QQ 及微信 WeChat、社交网络平台 QQ 空间、腾讯游戏旗下 QQ 游戏平台、门户网站腾讯网、腾讯新闻客户端及网络视频服务腾讯视频等。

尽管 MapReduce 适用大多数批处理工作，并且在大数据时代成为企业大数据处理的首选技术，但它对于一些场景仍存在不足：一是缺少对迭代计算以及 DAG 运算的支持；二是 Shuffle 过程多次排序和落地，Map 和 Reduce 之间的数据需要放在 HDFS。相较于 MapReduce，Spark 在很多方面弥补了它的不足，Spark 的通用性更好，迭代运算效率更高，作业延迟更低。

基于此，为了满足挖掘分析与交互式实时查询的计算需求，腾讯大数据使用了 Spark 平台来支持挖掘分析类计算、交互式实时查询计算以及允许误差范围的快速查询计算。目前，腾讯大数据拥有超过 200 台的 Spark 集群，并独立维护 Spark 和 Shark 分支。在 SQL 查询性能方面普遍比 MapReduce 高出 2 倍以上，利用内存计算和内存表的特性，性能可提高 10 倍以上。

Spark 作为 Apache 顶级的开源项目，在迭代计算、交互式查询计算以及批量流计算方面都有相关的子项目，如 Shark，Spark Streaming，MLbase，GraphX，SparkR 等。从 2013 年起 Spark 开始举行了自己的 Spark Summit 会议。AMPLab 实验室单独成立了独立公司 Databricks 来支持 Spark 的研发。

腾讯大数据精准推荐借助 Spark 快速迭代的优势，围绕"数据+算法+系统"这套技术方案，实现了数据实时采集、算法实时训练、系统实时预测的全流程实时并行高维算法。在迭代计算与挖掘分析方面，精准推荐将小时和天级别的模型训练转变为 Spark 的分钟级别的训练，同时简洁的编程接口使得算法实现比 MapReduce 在时间成本和代码量上高出许多。最终成功应用于广点通 pCTR 投放系统上，支持每天上百亿的请求量。广点通是基于腾讯社交网络体系的效果广告平台,它能够智能地进行广告匹配,并高效地利用广告资源。广点通也是国内最早使用 Spark 的应用之一。

目前,大数据在互联网公司主要应用在广告、报表、推荐系统等业务上。在广告业务方面需要大数据做应用分析、效果分析、定向优化等,在推荐系统方面则需要大数据优化相关排名、个性化推荐以及热点点击分析等。

这些应用场景的普遍特点是计算量大、效率要求高。Spark 恰恰满足了这些要求,该项目一经推出便受到开源社区的广泛关注和好评,并在近两年内发展成为大数据处理领域最炙手可热的开源项目。

【本章小结】

本章选取两个典型的大数据处理体系构架进行大数据生态系统介绍,以便使读者对大数据系统框架形成基本的了解。本章较为详细地介绍了 Hadoop 和 Spark 生态系统的概念、发展历史、功能以及重要组件。首先描述了 Hadoop 生态系统的组成和 Hadoop 的工作机制、Hadoop 的重要组件;其次介绍了 Spark 生态系统的计算框架、Spark 的重要组件,以及 Spark 组件为 Hadoop 生态系统带来的改进;最后通过 Facebook 与腾讯案例,较为详细地描述了 Hadoop 与 Spark 在企业中的应用。

【关键术语】

Hadoop   Spark   HDFS   YRAN   RDD   NameNode   DataNode   BDAS

【复习思考题】

1.简述 Hadoop 的功能。
2.试述 HDFS 容错机制与副本存放策略。
3.描述大数据分析处理的生态框架。
4.试述 Spark 的构成组件及其功能。
5.试述 Hadoop 与 Spark 的区别与联系。

第 3 章
大数据收集

📖 【本章学习目标与要求】

- 掌握 Flume 和 Kafka 的基本工作原理。
- 掌握 Flume 的不同数据收集方法。
- 了解 Kafka 的应用场景。

Flume 和 Kafka 是比较主流的大数据收集工具。Flume 主要用于收集业务日志数据，Kafka 是一个分布式的基于发布-订阅模式的通用型消息系统。如果数据面向多个应用程序，推荐使用 Kafka；如果数据只是面向 Hadoop，推荐使用 Flume。

3.1 Flume

互联网时代，任何类型的组织机构每时每刻都在产生大量的数据，为了收集这些业务日志数据供分析系统使用，一种特定的日志系统——Flume 应运而生。

3.1.1 Flume 基本概念

Flume 是一个分布式、可靠的、高可用的海量日志采集、聚合与传输系统。Flume 支持在系统中定制各类数据发送方，用于收集数据；同时，Flume 提供对数据进行简单处理，并写入各种数据接受方（可定制）的能力。

Flume 是一个可靠的日志收集系统，能够高效地将数据传输至 HDFS 和 HBase。Flume 以 Agent 为最小的独立运行单位，一个 Agent 就是一个 Java 虚拟机（Java Virtual Machine，JVM）。单个 Agent 由 3 大组件构成：源（Source）、通道（Channel）和接收器（Sink）。其中，源（Source）、通道（Channel）和接收器（Sink）的度量参见附录 1、附表 1、附表 2、附表 3。

1）源

源（Source）负责接收数据至 Agent 中，是 Flume 的输入点。源可接收其他 Agent 的 Sink 发来的数据，甚至可自己生产数据。接收到的数据源会写入一个或多个通道（Channel）中。

源包括参数类型设置及必须连接的通道(Channel)。除必需配置参数外,源还有些参数用来配置拦截器和 Channel 选择器,它们同样传递给源(Source)。源的具体配置参数参见附录 1 附表 4、附表 5。

(1)Avro Source

Avro Source 是 Flume 主要的 RPC(Remote Procedure Call Protocol)源。Avro Source 被设计为高扩展的 RPC 服务器端,能从其他的 Flume Agent 的 Avro Sink 或 SDK 客服端应用程序接收数据到 Flume Agent 中。Avro Source 可配置用来从配置好输出压缩事件的 Avro Sink 中接收压缩的事件;它也可用来确保接收任何客服端或 Sink 发送的使用 SSL 加密的数据,也可作为 Flume Agent 间的通信。典型配置如图 3-1 所示。Avro Source 的具体配置参数参见附录 1 附表 6。

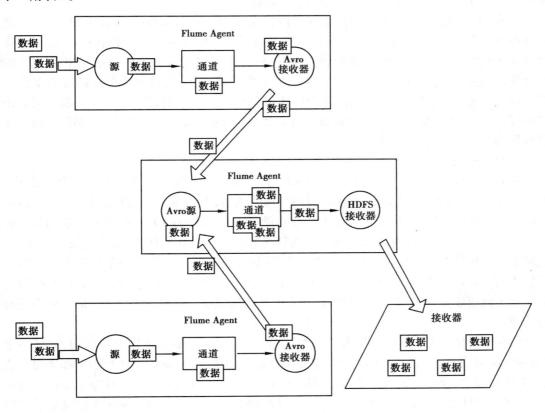

图 3-1 Avro 源配置图

(2)Thrift Source

为了接收非 JVM 语言的数据,Apache Thrift RPC 的支持被加入 Flume 中。Thrift 是 Apache 软件基金会的顶级项目,它支持跨语言通信。Flume 中 Thrift Sink-Thrift Source 的设计组合如同 Avro Sink-Avro Source 的组合一样工作。Flume 有 Java Thrift RPC 客服端,它是 Flume SDK 的一部分。概括地说,Thrift Source 是多线程、高性能的 Thrift 服务器。Thrift Source 的配置同 Avro Source 相似,具体配置参数参见附录 1 附表 7。

（3）HTTP Source

Flume 自带的 HTTP Source 可通过 HTTP POST 接收事件。针对无法配置 Flume SDK 或客户端代码是通过 HTTP 而不是 Flume 的 RPC 发送数据，可用 HTTP Source 来接收数据至 Flume 中。HTTP Source 需要配置的参数参见附录1附表8，该类型的 Source 配置较为简单，允许用户配置嵌入式的处理程序。

2）通道

通道（Channel）是源和接收器之间的缓冲区，允许两者运行在不同的速率上。它为流动的事件提供了一个中间区域。在正确配置通道的前提下，它是保障 Flume 不丢失数据的关键。数据从源写入一个或多个通道中，再由接收器读取，一个接收器只能读取一个通道传输来的数据。而多个接收器可从同一个通道读取数据。

Flume 包含两种通道：Memory Channel（内存通道）和 File Channel（文件通道）。文件通道会在发送者接收到事件前将所有变化写到磁盘上。文件通道比内存通道慢一些，但可在出现系统事件或 Flume Agent 重启时进行恢复；相反，内存通道会快一些，不过在出现失败时会导致数据丢失，并且同拥有大量磁盘空间的文件通道相比，内存通道的存储能力要低很多。这两种通道以相同的原理工作，是完全线程安全的，并可操作多个源和接收器。但无论选择哪种通道，如果从源到通道的数据存储率大于接收器所能写出的数据率，那便会超出通道的处理能力，并会抛出异常。

（1）内存通道（Memory Channel）

Memory Channel 是事件存储在内存中的通道，在堆上存储写入的事件。实际操作中，Memory Channel 属于内存队列，源从通道的尾部写入，接收器从头部读取。Memory Channel 在内存中保存所有数据，所以它支持较高吞吐量。由于 Memory Channel 没有将数据写入磁盘中，故该类通道在不需要考虑数据丢失的情况下使用。因此，事件的接收速度也会更快，这降低了对硬件的需求量。使用这种通道的弊端在于 Agent 失败会导致数据丢失。根据使用场景的不同，这可能是非常不错的解决方案。系统度量通常属于这一类，因为少量的数据丢失并不会造成什么影响。但如果事件代表的是网站的购买情况，那么，内存通道就不是较好选择。

内存通道属于 Flume 中的事务性模型，为每个程序中的事务维护单独队列，一旦一个 Source-side 事务提交，该事务队列中的事件就会被自动移入 Channel 主队列中。如果提交成功，事件对接收器可用，如果失败，源将回滚事务。此时，事件会以相反顺序被重新插入通道头部，所以事件会以相同顺序被再次读取，同最初插入时一样。因此，内存通道保证了事件的顺序性。这里需要注意，当某些事务回滚，后写入的事件有可能更早被读取，因为另一个接收器可能已经提交包含事件的事务，这类事件比回滚事务中的事件更新。Memory Channel 是 Flume 中相对容易配置的组件，附录1附表9列出了该组件的配置参数。

内存通道的默认容量是100个事件，可通过设置 capacity 参数来完成：

agent.channels.c1.capacity = 100。另一个与容量相关的参数是 transactionCapacity。它指的是源的 ChannelProcessor 可写入的最大事件数量。它也指的是 SinkProcessor 在单个事务中所能读取的最大事件数量。可将此参数设置稍大些，从而降低事务包装器的代价，从而提升速度。

下面展示一个内存通道的配置实例：

```
agent.channels = mc
agent.sources = sq
agent.channels.mc.type = memory
agent.channels.mc.capacity = 100000
agent. channels. mc. transactionCapacity = 1000
agent.channels.mc.byteCapacity = 5000000000
agent.channels.mc.byteCapacityBufferPercentage = 10
agent.sources.sq.type = seq
agent.sources.sq.channels = mc
```

（2）文件通道（File Channel）

文件通道是 Flume 的持久 Channel，它将所有事件写入磁盘，因此，在程序关闭或机接收器器宕机的情况下不会丢失数据。File Channel 保证了即使机器宕机或重启，只有当取走事件并提交给事务时事件才会被移除。因此，该 Channel 被设计为高并发且可同时处理多个 Source 和 Sink。虽然文件通道比内存通道慢，但它提供了持久化的存储路径，可应对多数情况。这种持久化能力是由 Write Ahead Log（WAL）以及一个或多个文件存储目录联合提供的。WAL 用于以一种安全的方式追踪来自于通道的所有输入与输出。通过这种方式，如果代理重启，那么 WAL 可以重放，从而确保在清理本地文件系统的数据存储前进入通道中的所有事件都会被写出。

File Channel 被设计用于数据需要持久化和不允许数据丢失的场景下。因为 File Channel 将数据写入磁盘，不会因为宕机导致数据丢失，而且该 Channel 相对 Memory Channel 有一个优势，数据被写入磁盘后 Channel 可以有非常大的容量。File Channel 允许用户传递多个参数，允许用户基于硬件调整通道性能。附录 1 附表 10 描述了 File Channel 的配置参数。

File Channel 作为 Flume 主要的持久化 Channel，通常整体上表现了 Agent 的性能。可通过配置对 Channel 的几个方面进行调整。File Channel 有 capacity 和 transactionCapacity 参数，这些与 Memory Channel 中的参数完全相同。

File Channel 可往多个磁盘写数据，Channnel 可配置以循环的方式往这些目录写数据。一个数据目录 Channel 总是会追加到一个文件，尽管 Channel 会按照需要从所有的文件中读取数据。因为多个 Source 可写入一个 Channel，Channel 将不同的线程并行写到不同的数据目录，所以并行磁盘的使用会有更好的性能。

下面展示一个名为 fc 的 File Channel 的配置实例。该通道能承担 100 万个事件，并保存数据到 3 个磁盘，以轮循的方式写入。Channel 也配置了不同目录下的备份检查点，以快速恢复失败文件。

```
agent.channels = fc
agent.sources = sq
agent.channels.fc.type = file
agent.channels.fc.capacity = 1000000
agent. channels. fc. transactionCapacity = 10000
agent. channels. fc. checkpointDir = /data1/fc/checkpoint
agent.channels.fc.dataDir = /data1/fc/data ,/data2/fc/data ,/data3/fc/data
agent.channels.fc.useDualCheckpoints = true
agent. channels. fc. backupCheckpointDir =
```

/data4/fc/backup
agent.channels.fc.maxFileSize＝900000000

agent.channels.sq.type＝seq
agent.channels.sq.channels＝fc

3) 接收器

从 Flume Agent 移除数据并写入另一个 Agent 或数据存储池中，也称为接收器(Sink)。Flume 有内置的接收器和用户自定义的接收器两类。接收器是 Flume Agent 中的组件，能移除通道中的数据，所以源可持续接收事件并写入通道。接收器持续轮流询访通道中事件并批量移除它们，这些事件被批量写入存储或索引系统，或被发送到另一个 Flume Agent。

接收器利用通道启动事务，事件一旦写入成功，接收器会利用通道提交事务，继而删除内部缓冲区事件。接收器使用标准的 Flume 配置系统进行配置，接收器的配置参数参见附录 1 附表 11。

（1）HDFS Sink

HDFS 接收器是 Hadoop 中最常使用的接收器。HDFS 接收器的作用是持续打开 HDFS 中的文件，然后以流的方式将数据写入其中，并且在某个时间点关闭该文件再打开新的文件。HDFS Sink 的参数配置参见附录 1 附表 12。

使用 HDFS 接收器需要将接收器的 type 参数设置为 hdfs:

agent.sinks.k1.type＝hdfs

上面代码表示为 agent 定义了名为 k1 的 HDFS 接收器。接下来指定路径 path，表示数据写入的位置:

agent.sinks.k1.hdfs.path＝/path/in/hdfs

类似于 Hadoop 中的大多数文件路径，该 HDFS 路径可通过 3 种方式指定，分别为绝对路径、带有服务器名的绝对路径以及相对路径，见表 3-1。其实现效果是一样的。

表 3-1　3 种路径方式

类　型	路　径
绝对路径	/Users/flume/mydata
带有服务器名的绝对路径	hdfs：//namenode/Users/flume/mydata
相对路径	mydata

HDFS Sink 将数据写入 HDFS 的 bucket。一个 bucket 是一个目录；一个 HDFS Sink 可以同时将数据写入多个 bucket 中，但单个事件只能写入一个 bucket 中。Flume 允许用户基于配置文件中的参数动态创建 bucket，然后事件基于这些参数进行计算并写入 bucket 中。HDFS Sink 批量处理事件后写入 HDFS 文件中。

下面为一个 HDFS 配置的实例。将事件写到 10 min bucket，使用基于时间的分桶和向下取整，Snappy 格式。如果没有配置文件后缀，文件将会自动添加后缀.snappy。每 2 min 或者当 10 000 个事件写到一个文件中，无论达到哪个条件，Sink 都会关闭文件，同时若文件打开 30 s 没写入且使用闲置超时便会关闭文件。

Sink 使用内置的 TEXT 序列化器以纯文本的格式写事件。在任何时候当 100 个文件打开,Sink 也会关闭最早写入的文件。它使用 Flume 主体来做 Kerberos 认证信息登录,以 UsingFlume 用户写入数据。Flume 用户必须在 HDFS 配置过程中被授权模拟 UsingFlume 用户。当写入该 Sink 的文件使用"."前缀成为隐藏文件时,文件后缀是.temporary。一旦文件关闭,便会被重命名为最终文件名。

```
agent.sinks = hdfsSink
agent.channels = memoryChannel

agent.channels.memotyChannel.type = memoty
agent. channels. memotyChannel. capacity = 10000

agent.sinks.hdfsSink.type = hdfs
agent.sinks.hdfsSink.channel = memory
agent. sinks. hdfsSink. hdfs. path =/Data/Using-Flume/%｛topic｝/%Y/%m/%d/%H/%M
agent. sinks. hdfsSink. hdfs. filePrefix = Using-FlumeData
agent.sinks.hdfsSink.hdfs.inUsePrefix = .
agent.sinks.hdfsSink.hdfs.inUseSuffix = . temporary
agent. sinks. hdfsSink. hdfs. fileType = Com-pressedStream
agent.sinks.hdfsSink.hdfs.codeC = snappy
agent.sinks.hdfsSink.hdfs.rollSize = 128000000
agent.sinks.hdfsSink.hdfs.rollCount = 100000
agent.sinks.hdfsSink.hdfs.rollInterval = 120
agent.sinks.hdfsSink.hdfs.idleTimeout = 30
agent. sinks. hdfsSink. hdfs. maxOpenFiles = 100
agent.sinks.hdfsSink.hdfs.round = true
agent.sinks.hdfsSink.hdfs.roundUnit = minute
agent.sinks.hdfsSink.hdfs.roundValue = 10
agent. sinks. hdfsSink. hdfs. kerberosPrin-cipal = flume/_HOST@ OREILLY.COM
agent. sinks. hdfsSink. hdfs. kerberosKeytab = /etc/flume/conf/UsingFlume.keytab
agent. sinks. hdfsSink. hdfs. proxyUser = UsingFlume
```

（2）HBase Sink

HBase 累积实时数据,Flume 支持写数据入 HBase。Flume 含两类 HBase Sink,HBase Sink 和 Async HBase Sink,它们的实现方式略有不同,但配置是相似的。HBase Sink 通过使用 HBase 客户端 API 写数据如 HBase。因此,HBase Sink 更容易同 HBase 同步。

当 HBase 客户端 API 阻塞,HBase Sink 逐个向 HBase 集群发送事件,而 Async HBase Sink 使用 AsyncHBase API［asynchbase］,该 API 是非阻塞的并通过多线程写数据至 HBase。因此,大多情况 Async HBase Sink 性能更好。

连接到一个或多个 HBase 集群的两类 HBase Sink,在 Flume 配置文件或环境变量中的第一个 hbase-site.xml 文件中指明了 Quorum,HBase Sink 的配置参数见附录 1 附表 13。

HBase Sink 和 Async HBase Sink 只能写入 table 和 columnFamily 参数指定的同一张表和同一列簇。这两类 HBase Sink 都是批处理事件,batchSize 控制了每个事务写出事件的最大数量。每次批处理提交 Channel 的每个事务,当且仅当批次中所有事件被成功写入 HBase,该事务被提交。

Sink 接受 zookeeper Quorum 参数,该参数接受以逗号分隔的主机名和端口列表。主机名和端口指定用以下格式：hostname1：port1、hostname2：port1（服务器使用相同端口）。每种类型的 HBase Sink 都有一些特殊参数，如 HBase Sink 有能力写入安全 HBase 集群。因此，需要配置安全相关参数：kerberosPrincipal 和 kerberosKeytab，分别记录用来登录到 KDC 使用的 Kerberos 主体和登录到 KDC 的 Kerberos Principal 使用的 keytab 文件的路径。

下面列举配置有自定义序列化器的 Async HBase Sink 的实例，在配置中指定了 Zookeeper Quorum。

agent.sinks = asynchbase

agent.channels = memory

agent.sinks.asynchbase.type = asynchbase

agent.sinks.asynchbase.channel = memory

agent.sinks.asynchbase.zookeeperQuorum = zk1.usingflume.com：2181，zk2.usingflume.com：2181，zk3.usingflume.com：2181

agent.sinks.asynchbase.znodeParent =/hbase

agent.sinks.asynchbase.table = using-FlumeTable

agent.sinks.asynchbase.columnFamily = using FlumeFamily

agent.sinks.asynchbase.batchSize = 1000

agent.sinks.asynchbase.timeout = 60000

agent.sinks.asynchbase.serializer = usingflume.ch05.AsyncHBaseDirectSerializer

agent.channel.memory.type = memory

agent.channel.memory.size = 100000

（3）RPC Sink

集群拓扑需要 Flume Agent 发送数据到另一个 Flume Agent，此时需要使用 RPC Sink。RPC Sink 和对应的 RPC Source 使用相同的 RPC 协议。由于 RPC Sink 能够发送数据到 RPC Source，因此，可利用该方法将数据在 Flume Agent 之间进行传递。RPC Source 作为服务器监听指定端口，因此，可同时实现几个 Flume Agent 发送数据到一个或多个相应 RPC Sink 的 Flume Agent。

（4）Avro Sink

Avro 被认为是 Flume 的主要 RPC 格式，而且 Avro Sink 很成熟，所以它是 Flume Agent 之间通信的推荐方法。

Avro Sink 使用 Avro 的 Netty-Based RPC 协议发送数据到 Avro Source，因此，共享一些配置参数，Avro Sink 可批量发送事件至 Avro Source。由于 Channel 将同步每个事务的数据文件到磁盘，因此，对于 File Channel 来说，要以合理的批量写出。最好的批大小同 HDFS Sink 一样，取决于硬件、网络，甚至配置。

（5）Thrift Sink

Thrift Sink 可用来在 Flume Agent 之间通过 Thrift RPC 进行通信。Thrift Sink 同 Avro Sink 工作方式类似，但缺少压缩和 SSL 功能。在 Flume Agent 之间推荐使用 Avro RPC 进行通信。Thrift Sink 用来写数据入已经开始运行的 Thrift Source，

4）其他组件

Flume Agent 中除 Source，Channel 和 Sink 3 类重要组件外，还有一些帮助 Flume 工作更具灵活性的组件。本节列举几种重要组件介绍。

（1）拦截器（Interceptor）

拦截器（Interceptor）是一类简单的插件式组件,被设置在源和源写入数据的通道之间。当源接收到事件写入通道之前,拦截器负责将这些事件进行转换或删除。每个拦截器只接收同一个源传来的事件。在同一个链条中,可添加多个拦截器对源传来的事件进行处理。事件经由第一个拦截器接收处理并相继传给下一个拦截器,直到最后处理完毕返回最终事件的列表写入通道中。

（2）Channel 选择器

正如前面介绍的一个源可写到一个或多个通道中,这也正是属性为复数 Channels 的原因。处理多个通道的方式有两种:事件写入所有通道中,或根据某个 Flume 头值仅写入一个通道中。Flume 的这种内部机制称为通道选择器。

（3）Sink 组和 Sink 处理器

为了在数据处理通道中消除单点失败,Flume 提供了通过负载均衡或是故障恢复机制将事件发送到不同接收器的能力。为了实现该操作而引入 Sink 组的概念,它用于创建逻辑接收器分组。该分组行为由接受处理器来控制,决定了事件的路由方式。Sink 处理器包含单个接收器,如果有接收器不属于任何接收器组,那么,就会用到 Sink 处理器。

3.1.2　Flume 工作原理

在 Hadoop 集群中,成千上万的服务器在处理数据写入 HDFS 或 HBase 存储系统时,可能会遇到一些问题:首先,同一时刻数以千计的文件写入 HDFS,文件从创建到分配一系列复杂操作会导致服务器承受巨大压力;其次,应用程序服务器在托管数据中心聚合数据需通过广域网写入,因此在存储系统中会产生延迟;最后,应用程序写文件入存储系统 HDFS 或 HBase 时,为确保数据不丢失需配置集群来预测每天高峰流量值。因此,Flume 被创建为分布式、可靠的和高可用的海量日志采集、聚合和传输系统,用来将数据传输至 HDFS 和 HBase。

在上一小节中主要介绍了 Flume Agent 的内部结构,本节将进一步讲述 Flume 的工作原理,即三大组件如何协作来实现数据从客户端的应用程序中收集至 Flume Agent。

1）Flume 的基本工作原理

Flume 中 Agent 是最小的工作单位,每个 Agent 都包含 3 个主要组件:源、通道和接收器。源负责接收事件,接收器负责将事件从 Agent 转发到另一个 Agent,或到 HDFS,HBase 存储系统中等。通道是存储源接收到的数据的缓冲区,直到接收器将数据成功写入目的地。这 3 个组件间的具体工作原理如图 3-2 所示。

2）Flume Agent 的数据收集方法

Flume 有两类收集数据到 Agent 的程序性方法,分别为:Flume SDK 和 Embedded Agent API。除此以外,Flume 也自带有收集数据的方法 log4j appender。

在 Flume 中,数据的基本表现形式为事件,每个事件包括 header 和 body,是表示为字节数组的有效负荷。事件接口不同其内部数据的表示形式也不同,通常使用 Flume 的 EventBuilder API 来创建事件。在创建事件后,使用 Flume SDK 或 Embedded Agent API 方法

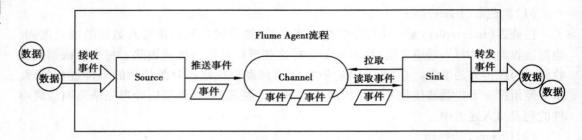

图 3-2　Flume Agent **工作流程图**

将收集到的数据发送至 Flume Agent。

（1）Flume 客户端 SDK（Flume SDK）

该方法主要通过创建 Flume RPC 客户端来实现。RpcClientFactory 类提供了创建不同种类 RPC 客户端的方法。所有用来创建 RPC 客户端的类接收一个 Properties 实例，Properties实例包含配置 RPC 客户端的基本信息，具体创建过程代码如下：

public static RpcClient getInstance（Properties properties）

public static RpcClient getInstance（File properties）

在 RPC 客户端创建完成后，它会通过自身进行接口配置。所有的 RPC 客户端有一些公共的配置参数。RPC 客户端的公共配置参数请见附录 1 附表 14。其中，client.type 参数指定了使用 RPC 客户端的类型。batch-size 参数设置批量发送事件的最大数量，多于这个数量的事件被传递到单个 AppendBatchmethod 调用，发送和指定批量大小相同或更少事件的多个批量操作。hosts 参数列出了别名，用于识别主机，主机与客户端必须连接。该主机名信息必须通过列表中第一个主机的 hosts.<hostname>参数来传递，使用 hostname:port 的格式。

RPC 客户端有几种不同分类：

①默认 RPC 客户端

默认的 RPC 客户端实例使用 Avro RPC 协议且只能连接到一个 Avro Source。由于 Java程序写数据到一个 Flume Agent，因此该类客户端是被推荐的客户端。

②Load-Balancing RPC 客户端

Load-Balancing RPC 客户端与 Load-Balancing Sink 处理器工作原理类似。Load-Balancing RPC 客户端可以设置发送事件到多个客户端。对于每个 Append 或 AppendBatch调用，Load-Balancing RPC 客户端基于配置以 random 或 round-robin 的顺序，选择配置要发送数据的多个 Agent 中的其中一个 Agent 发送数据。

③Failover RPC 客户端

Failover RPC 客户端与 Failover Sink 处理器的工作原理类似，基于优先级连接 Agent。该 RPC 客户端首先连接优先级高的 Agent，如果该 Agent 失败，该客户端会连接下一个优先级最高的 Agent。与 Failover Sink 处理器不同的是，Failover RPC 客户端不需要显式地设置优先级，而优先级是基于 hosts 参数中主机的顺序。hosts 参数中指定的第一个主机有最高优先级，紧接着是列表中第二个主机，如此排列。

④Thrift RPC 客户端

Apache Thrift 是一个数据序列化和 RPC 框架,用来序列化和反序列化不同语言数据。Thrift 通过拥有跟语言无关的数据格式规范来支持这个属性。继而 Thrift 编译器可以生成不同语言的代码,用来读取和写入数据。

(2)嵌入式 Agent(Embedded Agent API)

在应用程序中使用 RPC 客户端当遇到失败或重试时,应用程序需要缓冲数据,即时使用 Load-Balancing 或 Failover RPC 客户端,下游失败也会直接影响应用程序。丢失消息的应用程序会缓冲事件,在这种程序或机器失败状况下缓冲事件耗时耗力。为了程序发送数据同缓冲事件同时进行,Flume 提供了嵌入式 Agent,能够部署第三方应用程序。同时,该 Agent 有自己的 Channel 和缓冲区,从而空出应用程序能够及时整理下游的 Agent 文件直到 Channel 满。图 3-3 展示了嵌入式 Agent 的架构。嵌入式 Agent 是嵌入应用程序中的,在应用程序中占据进程地址空间,并创建运行线程。因此,嵌入式 Agent 比 RPC 客户端消耗更多应用程序资源。

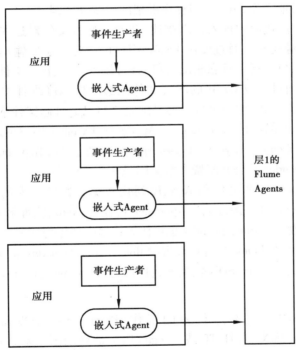

图 3-3　嵌入式 Agent 架构图

当嵌入式 Agent 被创建后,可使用 configure 方法进行配置,也就是传递包含 Agent 配置的 Map 集合,若配置失败则显示 FlumeException 异常。启动 Agent 通过 start 方法实现。事件可使用 Put 或 PutAll 方法写入 Agent,这两个方法分别接受单个事件和批量事件。如果由于某些原因导致事件无法写入 Channel,那么会产生 EventDeliveryException 异常。关闭 Agent 通过使用 stop 方法实现,若失败则出现 FlumeException 异常。

以下实例展示了 Embedded Agent API 的配置方法:

```
public class EmbeddedAgent
{public EmbeddedAgent(String name);
public void configure(Map<String,String>configuration)throws
FlumeException;
public void start()throws FlumeException;
public void put(Event event)throws EventDeliveryException;
public void putAll(list<Event>events)throws EventDeliveryException;
public void stop()throws FlumeException;}
```

（3）Log4j Appender

Apache Log4j 是一个非常流行的日志系统，支持插入自定义的 Logger。Flume 提供了两类可插入用户应用程序中的 Log4j Appender：一个可以写数据到确定的 Flume Agent 中；另一个以循环或随机的顺序从若干配置好的 Flume Agent 中选择一个，并将数据写入该 Agent。

Log4j 是 Jakarta Apache 组织的开源项目。它是一个日志操作包，是当今非常流行的一种日志工具，可很容易地实现 Java 应用程序框架的调试和监视。

Log4j 在应用程序的代码中插入日志描述，并通过配置文件对这些描述进行管理，而不需要修改应用程序的源代码。通过使用 Log4j，用户可指定日志的输出级别，这些级别可确定日志输出的范围；用户可指定日志输出的目的地，如控制台、日志文件、数据库、SMTP 服务器、GUI 组件等，并且通过修改 Log4j 的配置文件能够轻松地修改日志的输出目的地；Log4j 提供了默认的文件输出格式，用户也可很容易地定义自己的日志文件格式。

Log4j 是由 3 个主要的组件组成：Logger、Appender、Layout。用户可通过扩展这些基类创造出自己的 Logger，Appender，Layout。Log4j Appender 通过 Log4j.properties 文件进行配置。关于 Flume Log4j Appender 的公共配置参数见附录一表 15。

所有的 Log4j Appender 都可使用 Avro 序列化数据。如果传入的数据是 Avro Generic Record 或 Specific Record 的实例，Log4j Appender 将使用 Avro 序列化方法序列化数据。若 AvroReflectionEnabled 设置为 true，appender 也将任何数据序列化为 Avro。若 AvroSchemaURL 已经设置，那么，appender 将在 Flume 事件中设置键 flume.avro.schema.url，值为 AvroSchemaURL 参数的值。若未设置，那么，整个 JSON 化模式将使用键 flume.avro.schema.literal 写入 header。

3）Flume 的监控

Flume 监控是一项一直在进行中的工作，Flume 有一个度量框架，可通过 Java Management Extensions(JMX)或 HTTP 或 Ganglia 服务器展示出度量。有几个 Flume 组件会将度量结果报告给 JMX 平台 MBean 服务器，可通过 JConsole 查询这些度量结果。

（1）监控 Agent 进程

为了确保 Agent 运行状态，需要对 Agent 进行监控。当下有很多产品可实现这种进程监控。Monit 监控系统是开发商提供的可实现较多监控功能的软件。监控 Flume Agent 是否运行，若没有运行可重启，并发送邮件，这样用户可明白进程在什么地方为何会死掉。除监控以外，Monit 还可添加对磁盘、CPU 与内存使用情况的检测。

Nagios 监控系统如同 Monit 系统一样，可实现对 Agent 进程的监控，并通过 WebUI、电子邮件或 SNMP 发出警告。虽然 Nagios 不能提供重启功能，但有很多针对应用的插件，可对

Hadoop 生态系统的整体监控提供很多信息。

（2）监控性能度量情况

对于 Flume 数据流来说，需要监控以下内容：首先，数据是否以期望的速度进入源中；其次，数据有没有超出通道的限制；最后，数据是否以期望的速度离开接收器。

Flume 提供了可插拔的监控框架，因此，升级时需要花点时间进行测试和集成。虽然 Flume 文档未提及，但一般需要在 Flume JVM 中开启 JMX，使用 Nagios JMX 插件，当 Flume Agent 性能出现问题时发出警报。

对于 Flume 监控的内部度量来说可选择 Ganglia 集成。Ganglia 是个开源监控工具，用于收集度量、展示图形，并分层以处理大型系统。

无论怎样的情况，所有度量都通过 JMX 展现。由于 JMX 可用来启动或停止 Java 应用程序，因此，一般不允许通过 JMX 远程访问计算机。

为了给 HTTP 报告度量，当启动 Agent 时传递-Dflume. monitoring. type = http 参数给 Agent：

bin/flume-ngagent-f flume. conf-n agent-c conf-Dflume. monitoring. type = http \-Dflume. monitoring.port = 5653

以上代码显示了使用 Flume 在 5653 端口上启动一个内部 HTTP 服务器。访问/metrics 页面，将返回如下 JSON 格式的度量：

```
{
"type1.component1":{"metric1":"value1","metric2":"value2"},
"type2.component2":{"metric3":"value3","metric4":"value4"}
}
```

以上就是如何通过 Apache Flume 的 HTTP 实现，凭借 Ganglia 与 JSON 完成 Flume Agent 的内部监控度量。

3.2 Kafka

近年来，活动和运营大数据处理已成为了网站软件产品特性中一个至关重要的组成部分，这就需要一套适合大数据处理的基础设施对其提供支持。而 Kafka 凭借其突出的特性（高吞吐量、可水平拓展、异步通信、可靠性），现在已被多家公司作为数据通道或消息系统使用。越来越多开源分布式处理系统都支持与 Kafka 集成。在主流应用架构中，一般由 Kafka 作为前端消息系统，Spark Streaming 作为后端流引擎从而组成流引擎处理架构。

3.2.1　Kafka 基本概念

Kafka 是一个分布式、基于发布-订阅模式的消息系统，最初由 LinkedIn 公司开发设计，使用 Scala 编写。Kafka 最初用于 LinkedIn 公司作为活动流和运营数据处理通道的基础，活动流数据是所有站点在对其网站使用情况做报表时要用到的数据中最常规的部分。活动数据包括页面访问量（page view）、被查看内容方面的信息以及搜索情况等内容。这种数据通常的处理方式是首先把各种活动以日志的形式写入某种文件，然后周期性地对这些文件进行统计分析。运营数据指的是服务器的性能数据(CPU、IO 使用率、请求时间、服务日志等数据)。运营数据的统计方法种类繁多。

Kafka 实际上是一个消息发布订阅系统。producer 向某个 topic 发布消息,而 consumer 订阅某个 topic 的消息,进而一旦有新的关于某个 topic 的消息,broker 会传递给订阅它的所有 consumer。在 Kafka 中,消息是按 topic 组织的,而每个 topic 又会分为多个 partition,这样便于管理数据和进行负载均衡。同时,它也使用了 zookeeper 进行负载均衡。

学习 Kafka,首先要知道以下基本知识:

①Kafka 将消息以 topic 为单位进行归纳。

②将向 Kafka topic 发布消息的程序称为 Producers。

③将预定 topic 并消费信息的程序称为 Consumers。

④Kafka 以集群的方式运行,可以有一个或多个服务器组成,每个服务器称为一个 broker。

接下来将详细介绍有关基本概念。

1) Topics 和 Logs

一个 Topic 是对一类消息的归纳。对于每一个 Topic,Kafka 集群都做了一个日志分区 Logs,如图 3-4 所示。

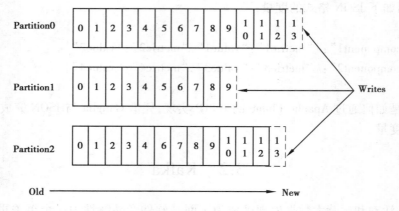

图 3-4　Topic 日志分区

每一个分区都由一系列有序、不可变的消息组成,这些消息被连续的追加到分区中。将日志分区可达到以下目的:首先可使得每个日志的数量不会太大,可在单个服务上保存。另外每个分区可单独发布和消费,为并发操作 topic 提供了一种可能。

分区中的每个消息都有一个连续的序列号,可称为 offset,用来在分区内唯一地标识这条消息。在一个可配置的时间段内,Kafka 集群保留所有发布的消息,不管这些消息有没有被消费。例如,如果消息的保存策略被设置为两天,那么,在一个消息被发布的两天时间内,它都是可以被消费的。之后,它将被丢弃以释放空间。Kafka 的性能是和数据量无关的常量级的,所以保留太多的数据并不是问题。实际上每个 Consumer 唯一需要维护的数据是消息在日志中的位置,也就是 offset。这个 offset 有 Consumer 来维护:一般情况下,随着 Consumer 不断地读取消息,这 offset 的值不断增加,但其实 Consumer 可以以任意的顺序读取消息,如它可将 offset 设置成为一个旧的值来重读之前的消息。

以上特点的结合,使 Kafka 中的 Consumers 非常的轻量级:它们可在不对集群和其他 Consumer 造成影响的情况下读取消息,也可使用命令行来"tail"消息而不会对其他正在消费消息的 Consumer 造成影响。

2) Distribution

每个分区在 Kafka 集群的若干服务中都有副本,这样一来这些持有副本的服务可以共同处理数据和请求,副本数量是可以配置的。副本使 Kafka 具备了容错能力。

每个分区都由一个服务器作为"leader",零或若干服务器作为"followers",leader 负责处理消息的读和写,followers 则去复制 leader。如果 leader 服务器瘫痪,followers 中的一台则会自动成为 leader。集群中的每个服务都会同时扮演两个角色:作为它所持有的一部分分区的 leader,同时作为其他分区的 followers,这样集群就会具有较好的负载均衡。

3) Producers

Producers 将消息发布到它指定的 topic 中,并负责决定发布到哪个分区。通常简单的由负载均衡机制随机选择分区,但也可通过特定的分区函数选择分区。使用的更多的是后者。

4) Consumers

发布消息通常有两种模式:队列模式(queuing)和发布-订阅模式(publish-subscribe)。队列模式中,Consumers 可同时从服务端读取消息,每个消息只被其中一个 Consumer 读到;发布-订阅模式中消息被广播到所有的 Consumer 中。

5) Broker

一台 Kafka 服务器就是一个 Broker。一个集群由多个 Broker 组成。一个 Broker 可容纳多个 Topic。

6) Consumers 组

Consumers 可加入一个 Consumer 组,共同竞争一个 topic,topic 中的消息将被分发到组中的一个成员中。同一组中的 Consumer 可在不同的程序中,也可在不同的机器上。如果所有的 Consumer 都在一个组中,这就成为了传统的队列模式,在各 Consumer 中实现负载均衡。

如果所有的 Consumer 都在同一组中,这就成为了发布-订阅模式,所有的消息都被分发到所有的 Consumer 中。

更常见的是,每个 topic 都有若干数量的 Consumer 组,每个组都是一个逻辑上的"订阅者",为了容错和更好的稳定性,每个组由若干 Consumer 组成。这其实就是一个发布-订阅模式,只不过订阅者是个组而不是单个 Consumer。

相比传统的消息系统,Kafka 可很好地保证有序性。传统的队列在服务器上保存有序的消息,如果多个 Consumers 同时从这个服务器消费消息,服务器就会以消息存储的顺序向 Consumer 分发消息。虽然服务器按顺序发布消息,但是,消息是被异步的分发到各 Consumer 上。因此,当消息到达时可能已经失去了原来的顺序,这意味着并发消费将导致顺序错乱。为了避免故障,这样的消息系统通常使用"专用 Consumer"的概念,其实就是只允许一个消费者消费消息,当然这就意味着失去了并发性。而通过分区的概念,Kafka 可在多个 Consumer 组并发的情况下提供较好的有序性和负载均衡。将每个分区分只分发给一个

Consumer 组，这样一个分区就只被这个组的一个 Consumer 消费，就可顺序地消费这个分区的消息。因为有多个分区，依然可在多个 Consumer 组之间进行负载均衡。注意：Consumer 组的数量不能多于分区的数量，也就是有多少分区就允许多少并发消费。

Kafka 只能保证一个分区之内消息的有序性，在不同的分区之间是不可以的，这已经可满足大部分应用的需求。如果需要 topic 中所有消息的有序性，那就只能让这个 topic 只有一个分区，当然也就只有一个 Consumer 组消费它。

3.2.2　Kafka 工作原理

Kafka 首先提供了一个普通消息系统的功能，但同时又具有自己独特的设计。

Kafka 的工作流程如图 3-5 所示。Producers 通过网络将信息发送至 Kafka 集群，再由集群将信息发送给 Consumers。Kafka 所在 LinkedIn 中部署后形成的各系统的拓扑结构如图 3-6所示。

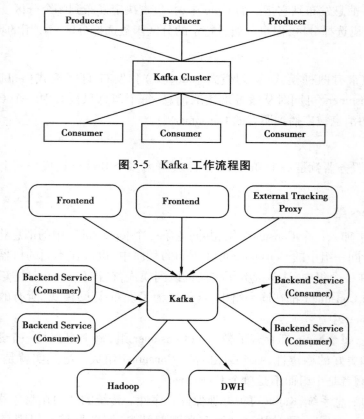

图 3-5　Kafka 工作流程图

图 3-6　Kafka 在 LinkedIn 中部署的拓扑结构

要注意的是，一个单个的 Kafka 集群系统可用于处理来自各种不同来源的所有活动数据。它同时为在线和离线的数据使用者提供了一个单个的数据通道，在线活动和异步处理之间形成了一个缓冲区层。还可使用 Kafka，把所有数据复制（replicate）到另外一个不同的数据中心去做离线处理。

为了避免一个单个的 Kafka 集群系统跨越多个数据中心,通过在集群之间进行镜像或"同步"实现,可形成 Kafka 支持多数据中心的数据流拓扑结构。这意味着,一个单个的集群就能够将来自多个数据中心的数据集中到一个位置。图 3-7 表示可用于支持批量装载(batch loads)的多数据中心拓扑结构。

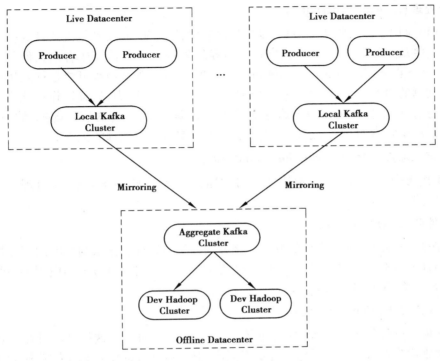

图 3-7 Kafka **多数据中心拓扑结构**

3.2.3 Kafka 应用场景

1) 常规消息系统(Messaging)

比起大多数的消息系统来说,Kafka 有更好的吞吐量、内置的分区、冗余及容错性,这让 Kafka 成为了一个很好的大规模消息处理应用的解决方案。消息系统一般吞吐量相对较低,但是需要更小的端到端延时,并常常依赖于 Kafka 提供的强大的持久性保障。在这个领域,Kafka 足以媲美传统消息系统,如 ActiveMR 或 RabbitMQ。

2) 网站活动跟踪(Website Activity Tracking)

Kafka 的另一个应用场景是跟踪用户浏览页面、搜索及其他行为,以发布-订阅的模式实时记录到对应的 topic 里。那么,这些结果被用户拿到后,就可做进一步的实时处理,或实时监控,或放到 Hadoop 离线数据仓库里处理。

3) 日志收集中心或记录聚合(Log Aggregation)

使用 Kafka 可代替日志聚合(Log Aggregation)。一般来说,日志聚合是从服务器上收集日志文件,然后放到一个集中的位置(文件服务器或 HDFS)进行处理。Kafka 可忽略文件的细节,将其更清晰地抽象成一个个日志或事件的消息流。这就让 Kafka 处理过程延迟更低,更容易支持多数据源和分布式数据处理。比起以日志为中心的系统,如 Scribe 或者 Flume 来说,Kafka 提供同样高效的性能和因为复制导致的更高的耐用性保证,以及更低的端到端延迟。

4)流处理(Stream Processing)

Kafka 可应用于保存收集流数据,以提供之后对接的 Storm 或其他流式计算框架进行处理。用户会将从原始 topic 得来的数据进行阶段性处理、汇总、扩充或者以其他的方式转换到新的 topic 下再继续后面的处理。例如,一个文章推荐的处理流程可能是首先从 RSS 数据源中抓取文章的内容,然后将其放入一个称为"文章"的 topic 中,后续操作可能是需要对这个内容进行清理,如恢复正常数据或者删除重复数据,最后再将内容匹配的结果返还给用户。这就在一个独立的 topic 之外,产生了一系列的实时数据处理的流程。

5)元信息监控(Metainformation Monitoring)

Kafka 作为操作记录的监控模块来使用,即汇集记录一些操作信息,这可理解为运维性质的数据监控。

6)事件源(Event Source)

事件源是一种应用程序设计的方式。该方式的状态转移被记录为按时间顺序排序的记录序列。Kafka 可存储大量的日志数据,这使得它成为一个对这种方式的应用来说绝佳的后台。如动态汇总(News Feed)。

7)持久性日志(Commit Log)

Kafka 可为一种外部的持久性日志的分布式系统提供服务。这种日志可在节点间备份数据,并为故障节点数据恢复提供一种重新同步的机制。Kafka 中日志压缩功能为这种用法提供了条件。在这种用法中,Kafka 类似于 Apache BookKeeper 项目。

3.3　Kafka 和 Flume 的区别

Kafka 是一个通用型系统。相反地,Flume 被设计成特定用途的工作,特定地向 HDFS 和 HBase 发送数据。Flume 为了更好地为 HDFS 服务而做了特定的优化,并且与 Hadoop 的安全体系整合在了一起。基于这样的结论,Hadoop 开发商 Cloudera 推荐,如果数据需要被多个应用程序消费的话,推荐使用 Kafka;如果数据只是面向 Hadoop,则可使用 Flume。

Flume 拥有许多配置的来源(Sources)和存储池(Sinks)。而 Kafka 拥有的是非常小的生产者和消费者环境体系,Kafka 社区并不支持多配置来源的系统。如果数据来源已经确定,不需要额外的编码,则可使用 Flume 提供的 Sources 和 Sinks;反之,如果需要准备自己的生产者和消费者,需要使用 Kafka。

Flume 可在拦截器里面实时处理数据。这个特性对于过滤数据非常有用。Kafka 需要一个外部系统帮助处理数据。

无论是 Kafka 或是 Flume,两个系统都可保证不丢失数据。Flume 不会复制事件。相应地,即使正在使用一个可以信赖的文件通道,如果 Flume agent 所在的这个节点宕机,就会失去所有的事件访问能力直到受损的节点被恢复。使用 Kafka 的通道特性,则不会出现这样的问题。

此外,Flume 和 Kafka 是可一起工作的。如果需要把流式数据从 Kafka 转移到 Hadoop,可使用 Flume 作为代理(Agent),将 Kafka 当作一个来源(Source),这样可从 Kafka 读取数据到 Hadoop。可使用 Flume 与 Hadoop,HBase 相结合的特性,使用 Cloudera Manager 平台监控消费者,并且通过增加过滤器的方式处理数据。

Kafka 作为分布式的消息系统正在被多家企业使用。它扮演着队列平台的角色,将传统的日志文件统计分析功能与现有消息队列系统功能相结合,使企业更有效率地以多种方式及时地处理网站流数据。

【本章小结】

本章介绍了两种实现 Hadoop 数据收集的开源工具 Flume 和 Kafka。第一节首先介绍了 Flume 的 3 种主要组件的概念及配置方法并配合实例进行了演示,列举了不同类别组件的应用场景及各自优缺点;其次介绍了 Flume 的架构及工作原理、各个组件在整个进程中的功能;最后介绍了 Flume Agent 的不同数据收集方法,列举了实例演示,并实现对 Flume Agent 的进程监控。第二节首先介绍了有关 Kafka 的基本知识,包括 Kafka 的特点及其主要组件的概念;其次介绍了 Kafka 的工作原理,列举了在不同场景下 Kafka 的拓扑结构,并介绍了 Kafka 广泛的应用场景;最后对这两种开源工具进行了比较分析。读者在面临这两种工具的选择时可考虑:如果数据需要被多个应用程序消费的话,推荐使用 Kafka;如果数据只是面向 Hadoop,则可使用 Flume。

【关键术语】

Flume   Kafka

【复习思考题】

1.了解 Flume 的几种主要组件及 Flume 基本工作原理。

2.试动手操作 Flume 几种组件的配置。

3.掌握 Flume Agent 的数据收集方法。

4.了解 Kafka 的基本工作原理和应用场景。

5.试分析 Flume 和 Kafka 的区别。

第 4 章
大数据计算

📖 【本章学习目标与要求】

- 掌握 MapReduce 的设计思想与执行流程。
- 掌握 Impala 的架构与核心组件。
- 掌握 Storm 的架构与核心组件。

大数据计算框架包括几个主要类别:离线计算框架、交互式计算框架、流式计算框架。MapReduce 就是一种典型的离线计算框架,通常将作业进行批处理,对时间没有严格要求,而对吞吐量的要求较高,应用在报表统计这样的场景,对数据进行小时级水平的操作;Impala 是一种交互式计算框架,交互式计算支持类 SQL 语言,针对交易与分析系统进行交互式的数据分析,通常对数据进行秒到小时级水平的操作;Storm 是一种流式计算框架,将作业进行实时处理,意味着高吞吐量和延迟低,流式计算框架主要应用于一些关键业务,如信用卡欺诈、网络入侵检测等,通常对数据进行毫秒级水平的操作。

4.1　MapReduce

MapReduce 是 Google 实验室提出的一个分布式并行编程框架,主要用来处理大规模数据集,近些年来随着它在 Google,Hadoop 及其他系统中的应用越来越流行起来。MapReduce 的起源可以追溯到 2004 年 Google 的 Jeffrey Dean 和 Sanjay Ghemawat 发表的论文《MapReduce:Simplified Data Processing on Large Clusters》,它描述了 Google 如何通过拆分、聚合来处理海量数据集。论文发表后不久,开元软件领域的先行者 Doug Cutting 开始为他的 Nutch 系统实现分布式的 MapReduce 框架。Nutch 系统的目标是实现一个开源搜索引擎,随着时间的推移和后续 Yahoo! 的持续投入,Hadoop 从 Nutch 中独立出来并成为 Apache 基金会的顶级项目,MapReduce 仍是 Hadoop 的核心部件。

4.1.1　MapReduce 概述

MapReduce 的名字源于函数式编程模型中的 Map 和 Reduce 操作。MapReduce 的基本思想是:将要执行的问题拆解成映射(Map)和归约(Reduce)操作,即先通过 Map 程序将数据切割成不相关的区块,分配/调度给大量计算机处理达到分布运算的效果,再通过 Reduce 程序将结果汇整,输出开发者需要的结果。这种分而治之的思想如图 4-1 所示。

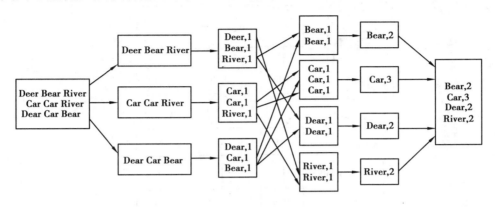

图 4-1　MapReduce 设计思想

4.1.2　MapReduce 执行流程与组件分析

下面通过对 MapReduce 包含的实体和核心组件的介绍,进一步明确 MapReduce 的执行流程。

1)MapReduce 实体

Hadoop MapReduce 模型参考 Google 的模型设计,但是针对 MapReduce 实体采用的术语并不完全一致,以下是 Hadoop MapReduce 所包含实体的表述:

①Job:作业。用户的每一个计算请求, 就称为一个作业。Hadoop 中所有 MapReduce 程序以 Job 形式提交给集群运行;

②Task:任务。每一个作业拆分出来的执行单位, 称为任务。一个 Job 被划分成若干个 Map Task 和 Reduce Task 并行执行;

③Job Tracker:作业服务器。作业服务器还负责各个作业任务的分配,管理所有的任务服务器等;

④Task Tracker:任务服务器。负责具体执行的任务。

2)MapReduce 核心组件

Hadoop MapReduce 作业的输入是一系列存储在 HDFS(Hadoop 分布式文件系统)上的文件,需要经过 InputFormat 和 InputSplit 组件将数据进行处理;Hadoop MapReduce 作业被分成一系列运行在分布式集群中的 Map 任务和 Reduce 任务。执行 Map 任务和 Reduce 任务的核心组件包括 RecordReader, Mapper, Combiner, Partitioner, Shuffle & Sort, Reducer, OutputFormat。

下面通过介绍核心组件的功能进一步明确 Hadoop MapReduce 的执行流程。

(1)InputFormat

如图 4-2 所示,InputFormat 定义了数据文件如何分割和读取,InputFormat 选择文件或者其他对象用来作为输入；定义 InputSplits，将一个文件分为不同任务。

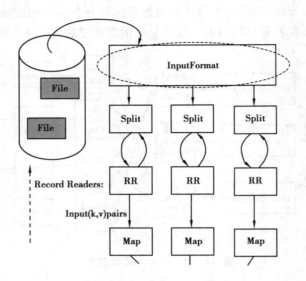

图 4-2　InputFormat 示意图

（2）Input Split

如图 4-3 所示，Input Split 可看成文件在字节层面的分块表示，每一个 Split 由一个 Map 任务负责处理，InputSplit 定义了输入单个 Map 任务的输入数据。

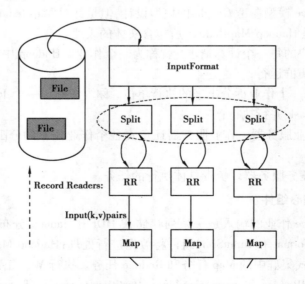

图 4-3　Input Split 示意图

（3）RecordReader

如图 4-4 所示，RecordReader 通过 InputFormat 将 InputSplit 解析成记录。它将数据转换为键/值（key/value）对的形式，并传递给 Mapper 处理。通常键是数据在文件中的位置，值是组成记录的数据块。

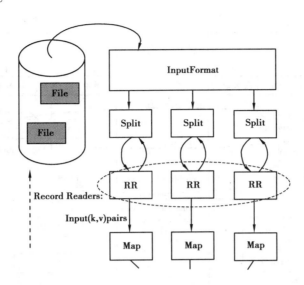

图 4-4　RecordReader 示意图

（4）Mapper

如图 4-5 所示，在 Mapper 中用户定义的 Map 函数通过处理 RecordReader 解析的每个键/值对来产生新的键/值对结果。键是数据在 Reducer 中处理是分组的依据，值是 Reduce 需要分析的数据。

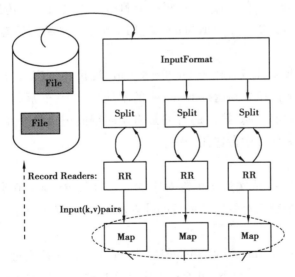

图 4-5　Mapper 示意图

（5）Combiner

如图 4-6 所示，Combiner 合并相同值的键值对，这样可明显减少通过网络传输的数据量。例如，在网络上发送 1 次（hello world，3）要比发送 3 次（hello world，1）节省更多的字节量。这种机制也减少了 Partitioner 数据通信开销。

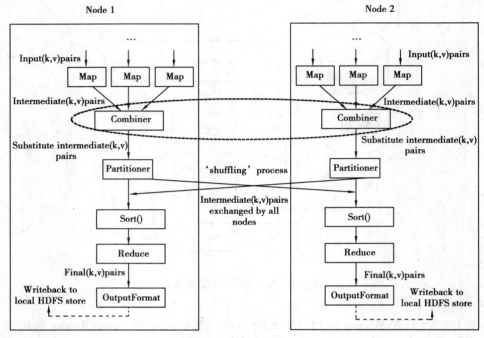

图 4-6　Combiner **示意图**

（6）Partitioner

如图 4-7 所示，在 Map 工作完成之后，每一个 Map 函数会将结果传到对应的 Reducer 所在的节点。此时，用户可提供一个 Partitioner 类，用来决定一个给定的键值对传给哪个节点。

（7）Shuffle & Sort

如图 4-7 所示，Reduce 任务开始于 Shuffle & Sort（混排和排序）。该步骤主要是将所有 Partitioner 写入的输入文件拉取到运行 Reducer 的本地机器上，然后将这些数据按照键排序并写到一个较大的数据列表中。排序的目的是将相同键的记录整合在一起，这样就可将对应的值方便地在 Reduce 任务中做迭代处理。

（8）Reducer

如图 4-8 所示，Reducer 依次为每个键对应的分组执行 Reduce 函数。Reduce 函数执行完毕后，会将零个或多个键值对发送到最后的处理步骤 OutputFormat。

（9）OutputFormat

如图 4-9 所示，OutputFormat 获取 Reduce 函数输出的最终键值对，并通过 RecordWriter 将它写入输出文件中。一般情况下，可通过自定义实现非常多的 OutputFormat，最终结果写在 HDFS。

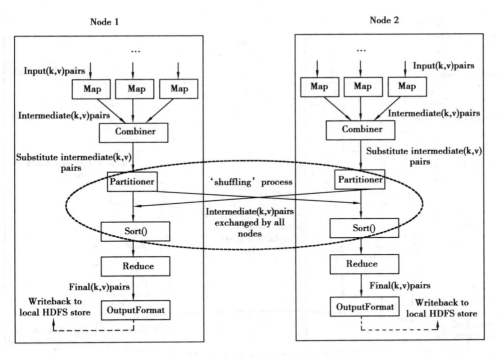

图 4-7 Partitioner,Shuffle & Sort 示意图

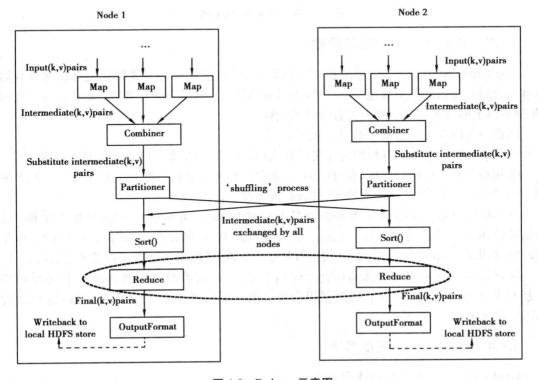

图 4-8 Reducer 示意图

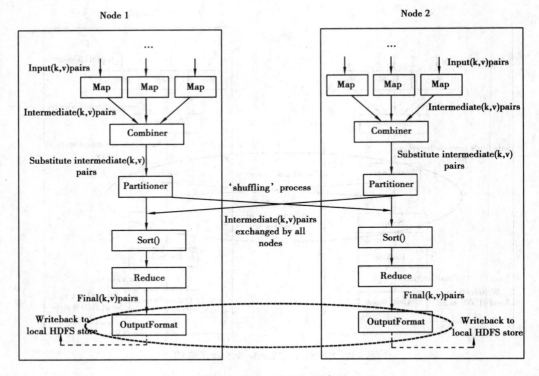

图 4-9　OutputFormat 示意图

4.1.3　MapReduce 功能与局限

MapReduce 有函数式和矢量编程语言的共性，使得这种编程模式特别适合于海量数据的搜索、挖掘、分析和机器智能学习。MapReduce 可以处理 TB 和 PB 量级的数据，并在处理 TB 级别以上海量数据的业务上有着明显的优势。

然而 MapReduce 也存在一定的局限性：

①MapReduce 框架难以利用在如实时流、图形处理以及信息传递这样的复杂逻辑中。

②相较于有索引的数据库，在分散的、无索引的数据中进行数据查询是无效的。如果数据索引是后来产生的，在移动或增加数据时，需要维持该索引。

③不能同时运行 Map 任务和 Reduce 任务来减少整体的处理时间，因为只有获取 Map 任务结果后，Reduce 任务才能开始。也就是说，不能控制 Maop 和 Reduce 任务执行的顺序。但是有时候，如果在 Map 任务结束后需要再进行数据收集，则可为 Reduce 任务配置延迟启动。

④如果 Reduce 任务花费太多时间但是以失败告终，或者没有其他 Reduce 任务槽可供重新安排 Reduce 任务，糟糕的资源利用会使长期运行的 Reduce 任务无法完成（这可通过 YARN 来解决）。

4.1.4　MapReduce 应用实例

MapReduce 用于词频统计代码如下：

Map(String key, String value):

```
// key : document name
// value : document contents
for each word w in value :
EmitIntermediate( w, "1" ) ;
Reduce( String key, Iterator values) :
// key : a word
// values : a list of counts
int result = 0 ;
for each v in values :
result+ = ParseInt( v) ;
Emit( AsString( result) ) ;
```

其中,Map 函数接受的键是文件名,值是文件的内容,Map 逐个遍历单词,每遇到一个单词 w,就产生一个中间键/值对;MapReduce 将键相同(都是单词 w)的键/值对传给 Reduce 函数,这样 Reduce 函数接受的键就是单词 w,值是一串"1",个数等于键为 w 的键/值对的个数,然后将这些"1"累加就得到单词 w 的出现次数。最后这些单词的出现次数会被写到用户定义的位置,存储在底层的分布式存储系统(HDFS)。

此外,MapReduce 还常被应用在网络用户行为分析当中,具体实例详见第 7 章。

4.2　Impala

Impala 是一个基于 Hadoop 的大规模并行处理引擎,Impala 提供了快速、交互式的 SQL 查询,能够直接访问存储在 HDFS,HBase 或 Amazon Simple Storage Service（S3）中的 Hadoop 数据,在商务智能和 SQL 查询的交互式任务中提供了低延迟处理的能力。本节主要介绍 Impala 的基础知识、Impala 的架构与基本组件以及 Impala 的应用案例。

4.2.1　Impala 概述

1) Impala 简介

Impala 本意是指一种产于非洲中南部的黑斑羚,在 IT 领域是指 Cloudera 公司推出的一个开源项目,它目前已成为了 Apache 基金会的孵化器项目（Apache Incubator Project）。Impala 是一种大数据实时查询与分析引擎,主要用于 Apache Hadoop 数据的实时处理。Impala 使 Hadoop 的查询效率得到了非常大的提高,从而使大数据的计算和分析可成为人机"交互式"任务。

随着大数据的兴起,Apache 的 Hadoop 作为开发和运行处理大数据的软件平台,已经得到了越来越广泛的应用。Hive 是基于 Hadoop 的数据仓库工具,为 Hadoop 提供了简单的 SQL 语义,可把 SQL 脚本转换为 MapReduce 任务运行,方便了 Hadoop 中大数据的日常处理。但是,Hive 应用的是 MapReduce 引擎,处理大数据时需要耗费大量的时间,难以满足很多应用场合实时性的要求。为此,谷歌发布了 Dremel 交互式数据分析系统,可把 MapReduce 分钟级的大数据处理任务缩短到秒级,并将其成功用于 BigQuery 的 Report 引擎服务。Dremel

使用列式存储,支持嵌套的数据模型。谷歌于 2010 年发布了论文《Dremel: Interactive Analysis of WebScaleDatasets》,公开了 Dremel 的设计原理。此后,多家公司的相关产品参考了 Dremel 的设计原理,Cloudera 公司的 Impala 便是其中之一。

根据 Cloudera 公司的测试结果,Impala 的查询效率比 Hive 提高了若干个数量级,在商业分析与商业智能中能更有效地支持高并发负载的情况。相比其他引擎(如 Apache Hive and Spark SQL),在多用户和低延迟要求的商业智能和 SQL 分析中,Impala 体现了较强的性能优势。对于多用户查询,Impala 平均比 Hive(基于 Tez 架构,即 Hive-on-Tez)快 16.4 倍,比 Spark SQL(Tungsten 版本)快 7.6 倍,平均响应时间从 1.6 min 以上下降到 12.8 s。在大数据基准测试 TPC-DS 中,Impala 也表现出了良好的性能。

对于大数据的分析与计算而言,选择合适的引擎是非常重要的。尽管 Impala 具有明显的性能优势,Hive 与 Spark SQL 依然在广泛的使用中。Impala 并不是要取代 Hive 与 Spark SQL,其主要差别是:

①Hive 通过类 SQL 语言为数据批处理工作提供了比原始的 MapReduce 过程更多的便利性,这些工作包括数据准备、数据 ETL(Extract-Transform-Load,即抽取-转换-加载)过程等。Impala 上的大部分商务智能用户均使用 Hive 来准备数据。

②Spark SQL 为 Scala 或 Java 开发者提供了嵌入 SQL 查询的 Spark API 接口。这个 API 接口在 Spark 应用程序中以 SQL 的方式提供了通用的 aggregations,filters, joins 等多种数据处理能力。大数据工作者经常使用 Spark 进行模型构建等工作。

③Impala 是一个基于 Hadoop 的 MPP(massively parallel processing,大规模并行处理)引擎,在商务智能和 SQL 查询的交互式任务中提供了低延迟处理的能力。对于商务智能用户,在几秒钟内与等待若干分钟后得到报告或可视化结果的体验是完全不同的,前者使用用户和系统具备了实时的交互性。

2)Impala 特征与优势

作为一个大规模并行处理引擎,Impala 最引人注目的特性是其并发效率的显著提高。其主要特征包括:

①Impala 能够集成在 CDH(Cloudera 公司基于 Hadoop 开源项目的发行版)生态系统中,这意味着能够使用 CDH 中的多种解决方案来储存、分享和访问 Impala 的数据。这就避免了数据孤立或者昂贵的数据迁移。

②Impala 能够直接访问 CDH 中的数据存储,无须懂得 MapReduce 编程中需要的 Java 技能。Impala 既能使用 HDFS 文件系统直接访问数据,同时也为 HBase 数据库或 Amazon S3(Amazon Simple Storage System)存储提供了 SQL 前端。

③Impala 能够在几秒或几分钟内返回结果,在 Hive 查询中往往需要花费数十分钟甚至几个小时。

④Impala 率先支持 Parquet 列式存储格式,能为数据仓库中的大规模查询场景提供优化。

在过去的几年中,对于分析数据库(Analytic Database)而言,使用 SQL 接口引擎的系统设计已经发生了明显的变化,为此 Cloudera 公司进行了新一轮的测试来比较 Hadoop 上的 SQL 引擎。该测试运行在具有 21 个相同节点的集群中。每一个节点的配置为:

①CPU：两个 CPU 插槽，总共 12 颗核心，使用 Intel Xeon E5-2630L，运行频率为2.00 GHz。

②12 块硬盘，每块容量为932 GB。一块硬盘用于安装操作系统，其他硬盘使用 Hadoop 分布式文件系统 HDFS。

③384 GB 内存。

测试比较的引擎为：

①Impala 2.3。

②Hive-on-Tez ：Hive 2.0，基于 Tez 0.5.2。

③Spark SQL 1.5（Tungsten 版本）。

测试使用了 15 TB 大小的数据集，每个引擎均使用了最合适的文件压缩格式来确保最优性能。其中，Impala 和 Spark SQL 使用了 Apache 上 Parquet 列式存储中的 Snappy 压缩格式。Hive-on-Tez 使用 ORC 上的 Zlib 压缩。然后对每种引擎进行了标准化的测试。

在多用户的测试中，使用了 10 用户并发的商务智能任务模拟真实环境的工作负载。测试结果证明了在并发负载中 Impala 有 6.8~15 倍的数据吞吐量。这说明了对于交互式商业智能和 SQL 分析要求的低延迟和并发性，Impala 是最合适的引擎。Impala，Spark SQL 与 Hive-on-Tez 的单用户/10 用户对比测试结果如图 4-10 所示，查询任务中的数据吞吐量对比如图 4-11 所示（测试结果均来源于 Impala 官方网站）。

在大数据基准测试 TPC-DS 中，总共有 99 种查询任务。为了语言的兼容性和引擎优化一共修改了 30 种查询任务。在对比测试中，为了公平起见，排除了这 30 种查询任务，加上 Spark SQL 和 Hive-on-Tez 不支持的查询任务，总共剩余 47 种查询任务。TPC-DS 中，Impala，Spark SQL 与 Hive-on-Tez 的对比测试结果如图 4-12 所示（测试结果来源于 Impala 官方网站）。

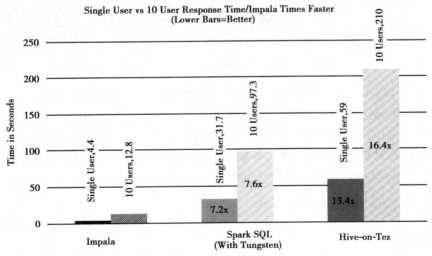

图 4-10　Impala，Spark SQL 与 Hive-on-Tez 的单用户/10 用户对比测试

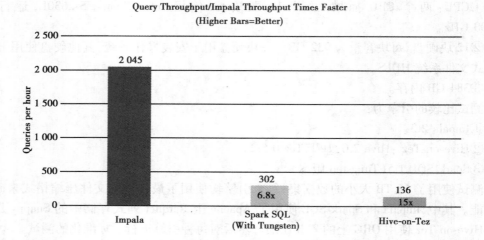

图 4-11　Impala，Spark SQL 与 Hive-on-Tez 查询任务中的数据吞吐量对比

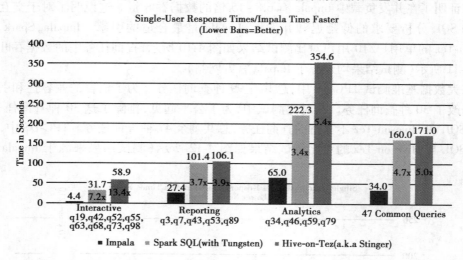

图 4-12　TPC-DS 中 Impala、Spark SQL 与 Hive-on-Tez 的对比测试结果

由于 TPC-DS 是被设计用于传统的统计分析，而不是如今基于 Hadoop 的商务智能任务。如图 4-12 所示，测试主要是单用户环境的 47 种查询任务，这种情况在真实的生产环境中较少出现。因此，在分析 Impala 性能时，需要考虑真实的生产环境特征。一般情况下，多用户测试结果比 TPC-DS 测试结果更具有代表性。

4.2.2　Impala 架构与组件分析

1）Impala 架构

Impala 服务是一个分布式的大规模并行处理数据库引擎，需要在 CDH 集群中的不同服务器上运行多个不同任务的进程。其核心组件包括 Impalad，Statestore 和 Catalog 组件。

（1）Impala 的功能

①大数据科学家和分析师熟悉的 SQL 接口。

②基于 Apache Hadoop 大数据的交互查询能力。

③集群环境中的分布式查询能力,方便的规模伸缩,可以使用高性价比的通用硬件设备。

④在不同的组件上无须复制、导入/导出步骤,便可共享数据文件。例如,可使用 Pig 写、Hive 转换、Impala 查询。

⑤对大数据处理和分析使用单一系统,使用户避免了建模和 ETL 工作上的开销。

Impala 在整个 Cloudera 环境中的作用如图 4-13 所示。

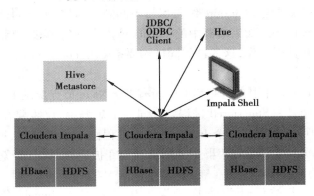

图 4-13　Impala 在整个 Cloudera 环境中的作用

（2）Impala 的主要组件

①客户端(Clients)：Hue、ODBC 客户端、JDBC 客户端以及 Impala Shell 都可与 Impala 交互。这些接口通常被用于执行查询或完成管理任务,如连接到 Impala。

②Hive Metastore：存储 Impala 可访问数据的信息。例如,Metastore 可使 Impala 知道哪些数据库可用以及这些数据库的结构。当用户通过 Impala 的 SQL 声明执行创建、删除、改变对象模式,为表加载数据等操作时,通过 Catalog 服务自动广播到所有的 Impala 节点。

③Impalad：该进程运行在 DataNode 节点,可以协调和执行查询。每一个 Impalad 实例都可以接受、计划和协调客户端提交的查询。查询被分发到不同的 Impala 节点,这些节点并行地执行查询片段。

④HBase 与 HDFS：存储待查询的数据。

（3）Impala 执行查询的步骤

①用户应用程序通过 ODBC 或 JDBC 发送 SQL 查询给 Impala 接口。用户可使用集群中的任意一个 Impalad 进程,这个进程便成为了这次查询的协调节点。

②Impalad 解析查询并决定由集群中的哪些 Impalad 实例进程去运行任务,执行过程会被优化。

③Impalad 实例访问 HDFS 和 HBase 服务去获取数据。

④参与运行的 Impalad 实例返回数据给协调节点,协调节点将最终结果返回给客户端。

2）Impala 核心组件

（1）Impalad 组件

Impala 中最重要的组件是 Impalad 守护进程,运行在集群中的 DataNode 节点。该进程能够读写数据文件,接受 Impala-Shell 命令行、Hue、JDBC 或 ODBC 传递的查询,通过集群对查询进行并发与分布式处理,并把查询中间结果返回给协调节点。

用户能够在任何一台 DataNode 节点提交查询给 Impalad 守护进程,该节点会成为这次查询的协调节点(Coordinator Node)。其他节点能够给协调节点返回各自的运行结果,最后协调节点为此次查询返回最终结果集。在运行 Impala-Shell 命令行程序时,最好使用同一个守护进程。在运行生产工作负载时,可通过 JDBC 或 ODBC 接口使用循环模式为不同的守护进程轮流运行查询任务来实现负载平衡。

Impalad 守护进程需要与 Statestore 组件保持不间断的通信,来证明这些节点运行状态良好,可以接受新的工作任务。如果集群中的 Impala 节点在创建、修改、删除多种类型的对象,或者在处理插入、加载数据工作,这些进程同样需要接受 Catalogd 进程发送的广播信息。

(2)Statestore 组件

Impala 的 Statestore 组件用来检测集群中所有 DataNode 节点上的 Impalad 守护进程的健康状态,被守护进程命名为 Statestored 进程。在同一个集群中,仅需要在一台主机上运行一个 Statestored 进程即可。如果某一个 Impalad 守护进程由于硬件故障、网络错误、软件故障或其他原因离线,Statestore 会通知集群中的所有其他守护进程,从而避免以后的查询任务被分配到这种不可达的节点。

由于 Statestore 服务被设计为防止错误发生,因此,在 Impala 集群正常的操作中 Statestore 并不是关键点。如果 Statestore 服务没有运行或者变为不可达,Impalad 守护进程会继续运行分布式任务,但是无法将各自的状态更新到 Statestore 中。但整个集群的鲁棒性会降低,如果这时新增一个 Impalad 实例,则新加入的 Impalad 实例不为现有集群中的其他 Impalad 实例所识别。当 Statestore 服务重新上线后,会重新与 Impalad 守护进程建立通信,并重启监控功能。

(3)Catalog 组件

Catalog 组件提供的服务把 Impala SQL 语句做出的元数据变化同步到集群中 DataNode 节点,被守护进程命名为 Catalogd 进程。在同一个集群中,仅需要在一台主机上运行一个 Catalogd 进程即可。由于 Catalogd 进程需要和 Statestored 进程交互,最好把 Statestored 进程与 Catalogd 进程运行在同一台主机上。

在有了 Catalog 服务后,执行 Impala 操作带来元数据变化不再需要执行 REFRESH 和 INVALIDATE METADATA 语句,但如果是通过 Hive 进行的建表、加载数据以及其他一些操作,则仍然需要执行 REFRESH 和 INVALIDATE METADATA 来更新元数据信息。

4.2.3　Impala 应用实例

Impala 是 Cloudera 公司推出的开源项目,Cloudera 公司已成为了美国大数据平台的主流提供商。在 Cloudera 公司的很多项目中(包括金融、电信、制造业、零售业、医疗、气象等多个行业和领域),Impala 都得到了广泛的应用,为这些行业提供了大数据的实时查询和分析能力。

1)Impala 在保险大数据中的应用

美国好事达保险公司(Aallstate)是美国第二大从事个人险种业务的财险和意外险保险

公司,并跻身于全美最大的 15 家人寿保险公司的行列。好事达保险公司成立于 1931 年,在过去的 80 多年时间中,该公司大量的保险业务积累了极其庞大的数据,这些数据很多都是非结构化的,而且很多数据并没有数字化。对于保险大数据的分析,传统的方法面临很多困难,如需要耗费 1 天时间分析 1 个州的数据,而且数据量庞大,很难对 50 个州的数据进行同时分析。传统低效率的查询、统计和分析使得商业数据的应用面临很多困难。

为了提高保险大数据的分析能力,好事达保险公司采用了 Cloudera 公司的 EDH 建立了跨所有系统的、单一的、集中的数据存储,打破了原有的"数据烟囱",基于此开发数据存储、ETL、分析与数据统计等应用。同时,大数据平台集成了多源数据,包括远程传感数据、客户数据、公共数据及经济数据等。

在好事达保险公司建立大数据平台后,能够使用 Impala 进行快速的大数据实时查询与分析。例如,传统方法一次分析 50 个州的数据至少需要 1 000 h 以上,使用 HIVE 耗时约 16 h,快了大约 75 倍。使用 Impala(特别是使用 Partitions 和 Parquet 优化后)能够进一步提高大数据实时查询与分析的能力。在好事达保险公司大数据平台的一次查询中,使用 HIVE、Impala,以及 Partitions 和 Parquet 优化的 Impala 三者的速度对比如图 4-14 所示(测试结果来源于 Impala 官方博客)。

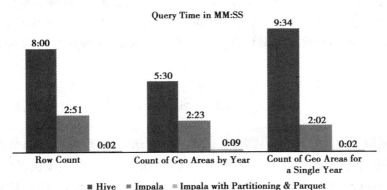

图 4-14　好事达保险公司大数据平台的查询速度对比

从图 4-14 中可以看出,使用 Impala 比使用 Hive 大大提高了查询速度。如果经过良好的模式设计,执行速度会有进一步的提升。这足以证明 Impala 在执行实时查询和分析时具有的优秀性能。

大数据平台的建立和 Impala 的使用使得关键信息能够迅速被决策人员所掌握。决策人员通过查看和分析更多的历史数据,建立了更准确的预测模型,从而实现了更好的定制化保险服务、更精准的定价模型,并能更充分地分析每个客户的风险,制订个性化的保险费率。例如,在个性化车险中,保险公司在被保险的车辆上安装了传感器,连续采集车辆数据,如速度、加速度、制动、位置、转向、出行距离等。通过车辆的大数据分析,智能获得用户的驾驶模式,分析用户的日常出行距离以及进入高风险区域的概率。然后根据用户的实际使用情况对风险定价,鼓励驾驶人员养成安全驾驶习惯,筛选出高风险的被保险人,从而降低了保险公司的成本,提高了收益。

大数据的应用使好事达保险公司的工作文化也发生了一定的改变,更愿意分析数据,并与数据分析机构建立了更紧密的合作关系。

2) Impala 在银行大数据中的应用

某银行中存在着大量的历史交易数据,其中大量的支票、交易票据、证件等都以图片格式存档,每个图片文档大小为 50 kB 到 1 MB,该银行每天新增的文档数量超过了一千万,每天新增的存储量达到几个 TB 的大小。该银行原来采用基于 IBM DB2 的交易系统,并使用 Sybase IQ 的辅助查询系统。这些关系数据库对半结构化、非结构化的文档和图片支持较差,现有的文档管理平台在数据量超过 100 TB 时性能变得很差。由于传统的数据存储成本高,使其业务系统缺乏横向扩展能力。数据库无法支持高并发量的数据查询,影响了前端新渠道的上线(如手机银行)。同时,很多数据只能保存在分行数据中心,无法满足总部数据集中要求,而且大量的历史交易数据(1 年以上)被写入磁带库,金融大数据无法发挥其价值。

为了提高交易系统性能,降低数据储存的成本,该银行构建了金融大数据平台。通过使用大量的 PC 服务器取代小型机,构建了 HBase 集群,采用列式数据库来存储文档和图片,实现了全国统一的文件管理平台。利用大数据集群水平扩展能力,支持高并发访问。为了更有效地使用金融大数据,该银行构建了基于 Impala 的大数据实时查询与分析平台。

相比原来的业务系统,新系统的硬件成本不到原来的 1/3。系统能够支持的并发用户数从数百个(约 300 个)提升到了数十万个(约 30 万个),现在可支持全国用户查询超过 10 年的历史交易明细。便捷高效地查询和分析更多的历史数据,为该银行的数据化运行打下了良好的基础。

4.3 Storm

Storm 主要用于大数据的分布式实时计算。Storm 运行速度很快,每个节点每秒钟可进行一百万次以上的元组处理,可支持多种应用场景,如实时分析、在线机器学习、连续计算(Continuous Computation)、分布式 RPC、ETL 等。本节主要介绍 Storm 的基础知识、Storm 的架构与基本组件以及 Storm 的应用案例。

4.3.1 Storm 概述

1) Storm 简介

Storm 本意是指暴风雨,在 IT 领域是指 Twitter 设计的一个分布式的、容错的实时计算系统,2011 年 Twitter 对其开源后成为 Apache 基金会管理的一个开源项目。Hadoop 具有吞吐量大、容错能力强等优点,在大数据领域得到了广泛的应用,但是 Hadoop 擅长于批处理工作,对实时计算的处理能力较弱。类似于 Hadoop 对于批处理工作的意义,Storm 使数据流的实时计算变得容易。以前开发人员在构建大数据应用系统时,除了关注业务逻辑以外,还需要在数据的实时流转、交互与分布设计与实现上花费大量的时间。Storm 使得开发人员能快速地搭建起实时数据流处理平台,其使用方法简单方便,支持多种编程语言。Storm 具有可扩展性与容错性强等优势,可保证用户数据被正确处理。同时,Storm 融合了已有的查询和数据库技术,方便了用户的使用。

2）Storm 特点

作为一个大数据分布式实时计算系统，Storm 具有以下一些特点：

（1）编程模型使用简单

在大数据处理上，Hadoop 的 Map、Reduce 原语使得大数据的并发批处理变得简单、方便。同样，Storm 为大数据的实时计算提供了原语，降低了大数据实时处理任务的复杂性。

（2）支持多种编程语言

Storm 默认支持 Clojure、Java、Ruby 和 Python。其内部实现了多语言协议，如果需要增加对其他编程语言的支持，只需要实现简单的通信协议。这样，开发人员可选择熟悉的编程语言来完成基于 Storm 的应用开发。

（3）高容错性

Storm 会管理节点出现的故障，对于数据处理中出现异常的节点，Storm 会重新安排新的节点来处理，保证处理单元能够正常运行。

（4）可扩展性

Storm 集群支持多台服务器，每台服务器可运行多个进程，每个进程可调用多个线程。计算任务可在多个线程、进程和服务器上并行处理，支持灵活的水平扩展。

（5）高可靠性

Storm 能够保证每条消息都至少能够被处理一次。每条消息及其后续触发的消息构成了一棵消息树，只有消息树上所有的消息都被处理，Storm 才认为该条消息已经被完全处理。如果消息树上出现任务失败等情况，Storm 会负责从消息源重新处理消息。

（6）高效率

Storm 底层使用 ZeroMQ 传送消息，消除了中间的排队过程，保证消息能够得到快速地处理。

（7）支持本地模式

Storm 有一种"本地模式"，可在处理中模拟 Storm 集群的所有功能，方便了开发人员的开发和测试工作。

4.3.2　Storm 架构与组件分析

1）Storm 架构

Storm 中主要包含以下 4 种角色（见图 4-15）：

（1）Nimbus

Nimbus 运行在主控节点上，其作用类似于 Hadoop 中 JobTracker，负责资源分配，调度工作任务给集群中的节点，并负责监控 Storm 集群的运行状态。

（2）Zookeeper

Nimbus 和 Supervisor 节点之间所有的协调工作通过 Zookeeper 来实现。

（3）Supervisor

Supervisor 运行在工作节点上，其作用类似于 Hadoop 中 TaskTracker，负责接受和执行 Nimbus 给它分配的任务，启动和停止其管理的执行任务的 Worker 进程。

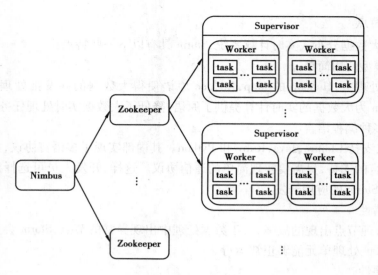

图 4-15　Storm 中主要角色之间的关系

（4）Worker

Work 作用类似于 Hadoop 中 Child，是运行具体处理组件逻辑的进程。Worker 中的每一个 Spout/Bolt 的线程称为一个 Task。

2）Storm 核心组件

在 Storm 中，主要包含 Topology，Tuple，Stream，Spout，Bolt，Stream Groupings 等核心概念。

（1）Topology

类似于 MapReduce 中的 Job，Storm 中运行的实时应用程序通过各个组件间的消息流动形成逻辑上的一个拓扑结构，即实时应用程序的逻辑结构被封装为 Storm 中的 Topology。虽然概念上比较相似，但 Storm 的 Topology 与 MapReduce 的 Job 有着显著的不同，MapReduce 的 Job 最终会运行结束，但 Storm 的 Topology 会一直运行下去（除非用户手动关闭进程）。Topology 是 Spouts 和 Bolts 组成的图，通过流分组策略（Stream Groupings）把 Spouts 和 Bolts 连接起来。一个典型的 Topology 如图 4-16 所示。

（2）Tuple

Tuple 是 Storm 中的基本数据结构，是一次消息传递的基本单元。由于 Tuple 的字段名称已经被各个组件预先定义，Tuple 中只需要填写值即可，所以 Tuple 就是一个值的列表，这些值可取任意类型。Tuple 的类型可以动态定义，不需要显示声明，提供了 GetInteger，GetString 等方法获得其中的值。Storm 需要知道如何串行化 Tuple 的值，默认支持所有的基本类型、字符串和字节数组。如果用户需要使用其他类型，需要实现并注册该类型的序列化（Serializer）方法。一个 Tuple 的示意如图 4-17 所示。

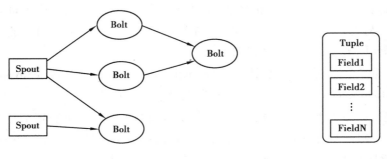

图 4-16　一个典型的 Topology　　　　　图 4-17　Tuple 中的 Field

（3）Stream

Stream 是 Storm 中的一个关键抽象，本书把其称为"消息流"。一个消息流是一个无限的 Tuple 序列，以分布式的方式并行地创建和处理。通过对 Tuple 中的字段命名来定义消息流的模式，在默认情况下，Tuple 可包含 Integer，Long，Short，Byte，String，Double，Float，Boolean 以及 Byte 数组。用户也可通过定义序列化方法来增加自定义数据类型。Stream 与 Tuple 的关系如图 4-18 所示。

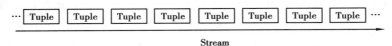

图 4-18　Stream 与 Tuple 的关系

每一个消息在声明时都会赋予一个 id。由于单向的 Spout 和 Bolt 流非常常见，OutputFieldsDeclarer 提供了方便的方法来定义一个单向消息流，不用赋予 id，在这种情况下消息会赋予默认 id"Default"。

（4）Spout

Storm 中提供的最基本处理消息流的原语是 Spout 和 Bolt。Spout 是 Topology 的消息源，通常 Spout 读取外部数据源（如队列、数据库等）的消息，并将其放入 Topology 中封装成流。Spout 可能是可靠的，也可能是不可靠的。如果一个 Tuple 没有被 Storm 成功处理，可靠的 Spout 会将其重发，而不可靠的 Spout 则不会重发这个 Spout。

Spout 能够发送多个消息流，这种情况下使用 DeclareStream 和 OutputFieldsDeclarer 方法来定义多个消息流，使用 SpoutOutputCollector 方法来发送消息流。

Spout 最重要的方法是 NextTuple。NextTuple 方法可发送新的 Tuple 到 Topology 中，如果没有新的 Tuple，则简单返回即可。需要注意的是，NextTuple 方法在任何 Spout 实现中不能被阻塞，因为 Storm 在同一个线程中调用所有的 Spout 方法。Spout 中还有两个重要的方法是 Ack 和 Fail，在 Spout 成功处理 Tuple 后调用 Ack，否则调用 Fail。Ack 和 Fail 仅在可靠的 Spout 中被调用。

（5）Bolt

Topology 中所有消息流处理都由 Bolt 完成。Bolt 可以做很多事情，如过滤、聚合、连接及与数据库通信等。

Bolt 可以仅用于消息流传输。复杂的消息流传输往往需要多个步骤，因此需要使用多个 Bolt。例如,从所有转发图片中获取流行图片至少需要两个步骤:一个 Bolt 获得每一张图片的转发数量,另外一个或多个 Bolt 计算出前 X 张(Top X)流行图片(如果把这个过程设计得更具有扩展性则需要 3 个或更多的 Bolt)。

Bolt 可处理多个消息流,这需要使用 OutputFieldsDeclarer 的 DeclareStream 定义多个消息流,使用 OutputCollector 的 Emit 方法选择需要处理的消息流。

当用户定义一个 Bolt 的输入消息流时,需要订阅另一个组件的特定消息流。如果用户需要订阅另一个组件所有的消息流,则需要单独订阅每一个消息流。InputDeclarer 在订阅默认 id 的消息流具有语法糖(Syntactic Sugar)功能,Declarer.ShuffleGrouping("1")方法订阅了组件"1"的默认消息流,等价于 Declarer.ShuffleGrouping("1", DEFAULT_STREAM_ID)。

(6)Stream Grouping

定义 Topology 时,需要定义其中每一个 Bolt 如何接收消息流作为输入。流分组策略定义了消息流应如何分配给 Bolt 中的 Task。

在 Storm 中一共有 8 种内置的流分组策略,用户也可使用 CustomStreamGrouping 接口实现自定义的流分组策略。

①Shuffle Grouping:Tuple 随机分配给 Bolt 中的 Task,每一个 Bolt 被保证获得相同数量的 Tuple。

②Fields Grouping:消息流按照特定的标示字段去分组。例如,消息流可按照 User-id 字段进行分组,相同 User-id 字段的 Tuple 被分配到同一个 Task 中,不同 User-id 字段的 Tuple 可能会被分配到不同的 Task 中。

③Partial Key Grouping:与 Fields Grouping 类似,消息流按照特定的标示字段去分组,但是在两个出游下游消息流的 Bolt 中会实施负载均衡策略,从而在进入的数据不平衡的情况下能够提高对资源的利用率。

④All Grouping:所有的消息流在所有 Bolt 中的 Task 均被复制一份,即使用广播方式。这种分组策略需要小心使用。

⑤Global Grouping:一个消息流进入同一个 Bolt 中的 Task,分配给 id 值最低的 Tash 处理。

⑥None Grouping:这种方式意味着用户不关心消息流的分组策略,当前和 Shuffle Grouping 策略是一样的效果,不同的是 Storm 会尽可能地把 Bolt 推送给该 Spout/Bolt 的订阅者同样的线程中去执行。

⑦Direct Grouping:这是一种特殊的流分组策略,意味着 Tuple 的生产者去决定哪一个 Task 消费者去接受这个 Tuple。只有定义为 Direct Streams 的消息流可使用这种流分组策略。Tuple 发送 Direct Stream 需要使用[EmitDirect](Javadocs/Backtype/Storm/Task/OutputCollector.Html#EmitDirect(Int, Int, Java.util.List)的方法之一。Bolt 通过 TopologyContext 方法可以获得处理消息的 Task 的 id,也可使用 OutputCollector 的 Emit 跟踪输出流来获得。

⑧Local or Shuffle Grouping:如果目标 Bolt 有一个或多个 Tash 在同一个 Worker 中处理,Tuple 会随机分配给这些处理中的 Task;否则,这种流分组策略等同于 Shuffle Grouping。

4.3.3　Storm 应用实例

Storm 由 Twitter 开发,Twitter 将其大量用于发现、实时分析、个性化搜索、收益优化等场景,并与 Twitter 的其他基础设施相集成。2011 年 Twitter 对 Storm 项目开源后,由于其良好的性能,迅速成为了一个非常流行的大数据实时计算平台,在电子商务、智能交通、金融大数据、医疗健康、自然语言处理等领域获得了广泛的应用。在 Storm 的官方网站上,有应用该项目构建其基础设施的公司或产品的详细介绍。本小节给出了 Storm 在电子商务和智能交通中的两个应用场景。

1) Storm 在电子商务中的应用

Storm 具有高效、可靠、可扩展、易于部署及高容错等特点,非常适合电子商务网站海量数据的实时计算和分析。Groupon、Yelp、淘宝、阿里巴巴(B2B)、支付宝等大型电子商务网站很早就利用 Storm 低延时和高吞吐量的特点对交易数据进行计算、分析、整理、规范和预测等。具体包括以下 3 个方面:

(1)交易数据的实时采集

在电子商务网站中,需要实时计算交易量、交易金额、TOP-N 卖家的交易信息、用户注册数等。这些数据能够帮助管理人员和商家了解网站运营状况并支持正确决策。传统的方法一般先要存储在线数据,然后进行分析和处理,这个过程往往需要较长的时间,无法满足现在电子商务应用的需求。例如在淘宝的"双十一"活动中,成交金额需要实时更新。Storm 具有实时处理数据的特性,对于统计某商品的浏览量、交易量等指标,Storm 可做到实时接收点击数据流,并实时计算出结果,非常适合电子商务网站交易数据的实时采集。在支付宝,每天利用 Storm 处理的消息超过了一亿条,处理的日志数据超过了 6 TB。

(2)互联网广告的实时统计和精准化投放

对于平台类的电子商务网站(淘宝、天猫、开放平台等),互联网广告是其流量变现的主要方式。对于广告主而言,最关心的问题是广告的转化率问题。因此,电子商务网站需要精准化投放广告,即在合适的时间、地点和场景中,把用户最需要的商品信息推荐给他。利用 Storm 的实时计算能力,可迅速采集在线广告的展现、点击、行为和第三方监控数据。同时,基于用户历史行为、实时查询、实时点击和其他情境信息对用户兴趣进行建模,在此基础上进行定向推广的广告投放,实现"千人千面"的精准化营销。在淘宝,通过 Storm 的实时计算,从用户行为发生到完成分析和推荐延迟在秒级。

(3)电子商务的实时趋势分析

实时趋势分析是从数据流中计算特定事件发生的概率,识别出可能成为流行的事件,对未来的趋势进行预测。Storm 起源于一个对 Twitter 数据进行实时分析的项目,提供了分析计算所需要的多个关键功能,可用于分析 Twitter 中一个特定话题流行的可能性,一个词汇被搜索的趋势。在电子商务领域,实时趋势分析有着广泛的应用空间,如预测流行商品及其可能的销售量,从而及时调整订货数量。但是,传统的方法一般是用日志框架把相关信息写入磁盘,然后通过批处理操作对数据进行分析和计算。这种处理方法的延时很大,得到计算结果往往需要好几天的时间,在事情发生后可能已经来不及响应了。Storm 的实时计算能力能够迅速得到计算结果,使商家能够迅速发现流行趋势,从而及时调整商品库存、广告策略等。

2）**Storm 在智能交通中的应用**

智能交通中的实时数据数量非常庞大且来源众多（GPS、监控设备、感应线圈等），利用这些多源交通大数据对于缓解城市道路拥堵等问题提供了新的解决思路。同时，智能交通对数据处理的实时性要求很高，Storm 的实时大数据处理能力非常适合智能交通中的数据计算与分析。具体包括：

（1）实时路况分析

及时了解道路的交通状况对于出行的人群来说非常重要，可以帮助其选择最合适的出行线路，避开拥塞路段，节省出行时间。对于政府管理部门而言，也需要把道路的实时路况尽快发布给车主，避免拥塞状况的进一步恶化，提高整个路网的通行效率。传统方法往往需要依靠人工管理（摄像头监控、车主电话上报等），然后通过交通电台的广播使车主获取路况信息，但这种方法只能让车主获得少量关键信息，无法掌握整个路网的通行情况。为此，很多电子地图提供商通过 GPS 记录浮动车的速度和方向，然后通过无线通信的方式把车载终端的数据上传，根据这些数据进行道路匹配计算出路况。这些浮动车上传的数据量非常庞大，而且路况计算对实时性要求非常高。路况数据的处理和分析需要在分钟级甚至秒级完成，如果处理时间太长，则计算结果会变得毫无意义。在某城市的实时交通路况系统中，每天产生的数据量约 3.5 亿条，需要存储空间约 300 G。如果采用传统的关系数据库来处理这些信息会遇到非常大的困难，而 Hadoop 又无法实现实时分析功能。为此，该系统采用实时流处理平台 Storm，通过 20 个计算节点和一个控制节点的组成 Storm 集群，利用该集群实现了该城市实时交通状况的计算与发布。该系统的总体架构如图 4-19 所示。

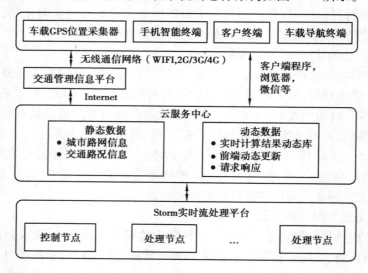

图 4-19　实时交通路况系统架构

（2）高风险区域监控

高风险区域监控不同于实时路况分析，并不是要计算所有路段的交通状况，而是对风险较高的路段进行重点监控。在一些城市中，重要的道路交叉口都部署了一个或多个摄像头/测速仪，这些监控设备不停地产生了大量的视频、图片或文本数据。目前的常用解决方案一般是把这些监控数据保存在数据库中,然后进行计算和统计分析,所以对高风险的驾驶行为(如超速等)的监控和识别具有一定的滞后性。在道路高风险区域监控系统中,采用实时流处理平台 Storm,可根据监控设备实时采集的道路状况,计算出车辆的速度等信息,并与道路的限速值进行比较,从而实时识别出高风险的驾驶行为,提高了交通道路管理部门的效率。

【本章小结】

本章重点介绍了大数据离线计算框架 MapReduce、交互式计算框架 Impala 和流式计算框架 Storm。第一节首先概括 MapReduce 的起源和基本思想,接着介绍 MapReduce 包含的实体和核心组件,并指出 MapReduce 的功能与局限,最后配合实例进一步地阐明 MapReduce 的执行流程。第二节、第三节分别介绍了 Impala 和 Storm 的基本概况、架构、组件与应用实例。

【关键术语】

MapReduce   Impala   Storm

【复习思考题】

1.解释 MapReduce 的执行流程。
2.使用 MapReduce 完成词频统计。
3.简述 Impala 的架构与主要组件。
4.简述 Storm 的架构与主要组件。

第 5 章
大数据挖掘

📖 【本章学习目标与要求】

- 了解机器学习算法的分类以及基本原理。
- 学会运用 Mahout，Weka 和 R 语言等工具实现相关机器学习算法。

  数据中往往隐含着各种各样有用的信息，仅仅依靠数据库的查询检索机制和统计学方法很难获得这些信息，迫切需要将这些数据转化成有用的信息和知识，从而达到为决策服务的目的。在巨大的数据体系里提炼人们感兴趣的东西，或者说从庞大的数据集中提炼并分析出难以察觉的关系，给出一个有用的结论，这就是数据挖掘。简单来说，数据挖掘就是在数据中发现数据间的关系。数据挖掘融合了包括数据库技术、人工智能、机器学习、统计学、信息检索等最新技术的研究成果，对数据挖掘而言，其数据分析技术主要依赖于机器学习。

  机器学习的方法对于海量、多源、异构大数据的挖掘也起到重要的作用。本章首先介绍机器学习中常见算法的基本原理和过程，然后对机器学习的实现工具——Mahout，Weka 和 R 语言分别进行了介绍，并详细展示了如何利用这 3 种工具实现相关机器学习算法。

5.1 机器学习

  机器学习是一种让计算机在没有事先明确的编程的情况下做出正确反应的多领域交叉科学，目前被广泛应用于自然语言处理、数据挖掘、搜索引擎、计算机视觉、医学诊断等领域。熟练掌握机器学习技术是进行大数据挖掘的必要前提，本节将介绍机器学习的概念和基本过程以及常见的机器学习算法。

5.1.1 机器学习概述

  机器学习是一门多领域交叉学科，涉及概率论、统计学、计算机科学等多门学科，其核心是学习，出发点是设计和分析一些让计算机可以自动"学习"的算法，研究主旨是使用计算机模拟人类的学习活动。也就是说,机器学习也是人工智能的核心研究领域之一,专门研究计算机怎样模拟人的学习行为,获取新的知识,改善自身性能,实现自我完善。

对于机器学习的概念与定义,Simon 认为"学习就是系统中的变化,这种变化使系统比以前更有效地做同样的工作";Langley 提出:"机器学习是一门人工智能的科学,该领域的主要研究对象是人工智能,特别是如何在经验学习中改善具体算法的性能。"Alpaydin 提出:"机器学习是用数据或以往的经验,以此优化计算机程序的性能标准。"在众多对于机器学习的定义中,以 Tom Mitchell 在《Machine Learning》一书中给出的定义最为经典,即"机器学习是对能通过经验自动改进的计算机算法的研究"。从以上定义可以发现,虽然不同学者对于机器学习定义的表述各有不同,但各定义之间有很高的相似度。概括来说,机器学习是一个源于数据的模型训练过程,得到一个性能度量更好的结果。

机器学习算法的开发与应用一般包括数据表示、训练算法、测试算法、使用算法 4 个基本过程。

1) 数据表示

在机器学习过程中,一般需要为机器学习算法准备特定的数据格式。因此,在收集到足够的样本数据之后,需要对数据进行分析与处理,将样本数据表示为能够为算法使用的特定数据。在数据的表示中,通常用一个向量来表示一个样本,而向量的每个维度则代表数据特征。因此,在数据的表示中,特征的选取至关重要。

2) 训练算法

训练过程实际上是一个优化过程,机器学习从这一步才真正开始学习。算法的训练就是对于给定的样本,学习其中的规律,一般会定义一个评估函数对模型的效果进行评价,通过现有训练数据的学习,在评估函数最优化的条件下找到模型参数,得到最优模型。而对于无监督学习,由于不存在目标变量值,因此不需要训练算法。

3) 测试算法

为了评估算法,必须对算法工作的效果进行测试。对于监督学习,必须已知用于评估算法的目标变量值;对于无监督学习,也必须用其他的评测手段来检验算法的成功率。无论哪种情形,如果不满意算法的输出结果,则可回到上一步,改正并加以测试。

4) 使用算法

最后一步则是将机器学习算法转换为应用程序,执行实际任务,以检验上述步骤是否可在实际环境中正常工作。

5.1.2　机器学习算法

在数据挖掘过程中,由于数据类型不同以及分析目的不同,可能会采取不同的建模方法以及算法。在机器学习中,首先要考虑算法的学习方式。根据学习方式不同,机器学习算法可分为监督学习、半监督学习、无监督学习及强化学习,见表 5-1。

表 5-1　机器学习算法分类

学习方式	算法类型	算法名称	适用范围
监督学习	分类	决策树	多类分类,回归
		随机森林	多类分类
		K 近邻法	
		贝叶斯分类	
	回归	一般线性回归	回归分析
		Logistic 回归	多类分类
	基于核的算法	SVM	二类分类
		线性判别分析	多类分类
无监督学习	聚类	K-means	聚类分析
		Canopy	
		分层聚类	
		基于密度的聚类	
	关联规则	Apriori	关联规则挖掘
		FP-Growth	
		Eclat	
	降维	PCA	线性降维
		LLE	非线性降维

①监督学习。监督学习是从标记的训练数据来推断一个功能的机器学习任务。在监督式学习下,输入数据被称为"训练数据"。每组训练数据有一个明确的标识或结果,每个实例都是由一个输入对象和一个期望的输出值组成。监督学习算法是分析训练数据,产生一个推断的功能,可用于映射出新的实例。在建立预测模型的时候,监督式学习将预测结果与"训练数据"的实际结果进行比较,不断调整预测模型,直到预测结果达到一个预期的准确率。监督学习常应用于分类问题和回归问题中。

②无监督学习。无监督学习用于处理未被分类标记的样本集,通过对未加标签的数据进行学习,寻找隐藏的数据结构。聚类分析就是典型的无监督学习算法。

③半监督学习。半监督学习是监督学习与无监督学习相结合的一种学习方法,如在有监督的分类算法中加入无标记样本以增强有监督分类的效果,以及在无监督聚类算法中加入有标记样本以增强无监督聚类的效果。在实际问题中,通常存在大量的未标记实例,有标记的实例较少,如何利用少量的标记样本和大量的未标记样本进行训练和学习,就是半监督学习涉及的问题。

④强化学习。强化学习是一种重要的机器学习方法,在分析预测以及智能机器人操控方面有许多应用。强化学习一词来源于行为心理学,这一理论把行为学习看成反复试验的过程,强调基于环境而行动。强化学习的目标是对参数进行动态调整以达到最大的强化信号。在强化学习中,输入数据直接反馈到模型,并要求模型立即作出调整,最终实现预期效益最大化。

下面将对这些算法进行简要的介绍。

1) 分类

分类是一种重要的数据分析形式,简单来说,分类就是按照某种标准给对象贴标签,分类作为一种监督学习方法,要求事先了解各个类别的信息。分类分析旨在建立一种刻画数据类型的模型,这种模型称为分类器,用来预测数据的类标号。大数据挖掘中广泛使用的分类算法有决策树、随机森林、K 近邻法及贝叶斯分类等。

(1) 决策树

在机器学习中,决策树是一种典型的分类与回归算法,是以实例为基础的归纳学习算法,代表了对象属性与对象值之间的对应关系。决策树模型就是依托策略选择而建立起来的二叉树或多叉树模型,其目的是找出属性和类别之间的关系,从而预测未来数据的类型。决策树由结点和路径组成,结点分为内部结点和叶结点,内部结点表示一个属性,叶节点表示一个类,每一条路径则表示对对象依据属性的分类,决策树由顶部向下递归,最终停止在决策树的枝叶处。目前,常见的决策树算法有 ID3 算法、C4.5 算法和 CART 算法。

①ID3 算法。ID3 算法的核心是在决策树各个节点上应用信息增益准则选择特征,递归地构建决策树。ID3 算法通过计算每个属性的信息增益,认为信息增益高的是好属性,每次划分选取信息增益最高的属性为划分标准,重复这个过程,直至生成一个能完美分类训练实例的决策树。

设 D 为用类别对训练元组进行的划分,则 D 的熵表示为

$$info(D) = -\sum_{i=1}^{m} p_i \log_2(p_i) \tag{5-1}$$

其中,p_i 表示第 i 个类别在整个训练元组中出现的概率,可用属于此类别元素的数量除以训练元组元素总数量作为估计。熵的实际意义表示是 D 中元组的类标号所需要的平均信息量。

假设将训练元组 D 按属性 A 进行划分,则 A 对 D 划分的期望信息为

$$info_A(D) = \sum_{j=1}^{v} \frac{|D_j|}{|D|} info(D_j) \tag{5-2}$$

而信息增益即为两者的差值,则

$$gain(A) = info(D) - info_A(D) \tag{5-3}$$

D3 算法就是在每次需要分裂时,计算每个属性的增益,然后选择增益最大的属性进行分裂。

②C4.5 算法。C4.5 算法是 ID3 算法的一个改进算法,C4.5 用信息增益率来选择特征。C4.5 算法首先定义了"分裂信息",其定义可表示为

$$split\_info_A(D) = -\sum_{j=1}^{v} \frac{|D_j|}{|D|} \log_2\left(\frac{|D_j|}{|D|}\right) \tag{5-4}$$

其中,各符号意义与 ID3 算法相同。然后,增益率被定义为

$$gain\_ratio(A) = \frac{gain(A)}{split\_info(A)} \tag{5-5}$$

C4.5 算法就是在每次需要分裂时选择具有最大增益率的属性作为分裂属性,其他过程与 ID3 算法相同。

③CART 算法。分类回归树(CART)是机器学习中的一种分类和回归算法。设训练样本集 $L=\{x_1,x_2,\cdots,x_n,Y\}$,其中,$x_i(i=1,2,\cdots,n)$ 称为属性向量;Y 称为标签向量或类别向量。当 Y 是有序的数量值时,称为回归树;当 Y 是离散值时,称为分类树。在树的根节点 t_1 处,搜索问题集(数据集合空间),找到使得下一代子节点中数据集的非纯度下降最大的最优分裂变量和相应的分裂阈值。在这里非纯度指标用 Gini 指数来衡量,即

$$i(t) = \sum_{i\neq j} p\left(\frac{i}{t}\right) p\left(\frac{j}{t}\right) \tag{5-6}$$

其中,$i(t)$ 是节点 t 的 Gini 指数;$p(i/t)$ 表示在节点 t 中属于 i 类的样本所占的比例;$p(j/t)$ 是节点 t 中属于 j 类的样本所占的比例。用该分裂变量和分裂阈值把根节点 t_1 分裂成 t_2 和 t_3,如果在某个节点 t_i 处,不可能再有进一步非纯度的显著降低,则该节点 t_i 成为叶结点,否则继续寻找它的最优分裂变量和分裂阈值进行分裂。

对于分类问题,当叶节点中只有一个类,那么,这个类就作为叶节点所属的类。若节点中有多个类中的样本存在,根据叶节点中样本最多的那个类来确定节点所属的类别;对于回归问题,则取其数量值的平均值。

(2)随机森林

随机森林是一个包含多个决策树的分类器,决策树之间互相没有关联,其输出的类别是由个别树输出的类别的众数而定。随机森林算法可用于处理回归、分类、聚类以及生存分析等问题。当用于分类或回归问题时,它的主要思想是通过自助法重采样,生成很多个树回归器或分类器。

假设现有 N 个训练样本 (x_i,y_i),其中,x_i 是第 i 个样本,它包含 M 个解释变量,y_i 是 x_i 的对应的响应变量。通过自助法重抽样,从原始训练数据中生成 k 个自助样本集。每个自助样本集形成一棵分类或回归树。根据生成的多棵树对新的数据进行预测,分类结果按投票最多的作为最终类标签;回归结果按每棵树得出的结果进行简单平均或按照训练集得出的每棵树预测效果的好坏(如按 $1/MSE_i$)进行加权平均而定。

(3)K 近邻法

K 近邻法是一种基本的分类方法,该方法的思路是:如果一个样本在特征空间中的 k 个最相似的样本中的大多数属于某一个类别,则该样本也属于这个类别。所谓 K 近邻算法,即是给定一个训练数据集,对新的输入实例,在训练数据集中找到与该实例最邻近的 k 个实例,这 k 个实例的多数属于某个类,就把该输入实例分类到这个类中。其主要过程为:计算训练样本和测试样本中每个样本点的距离;对上面所有的距离值进行排序;选前 k 个最小距离的样本;根据这 k 个样本的标签进行投票,得到最后的分类类别。

(4)贝叶斯分类

贝叶斯分类算法是一类利用概率论知识进行分类的算法,贝叶斯分类的基础是贝叶斯定理,用来描述两个条件概率之间的关系,如 $P(A|B)$ 和 $P(B|A)$,按照乘法法则:$P(A\cap B)=P(A)*P(B|A)=P(B)P(A|B)$,可变形为 $P(A|B)=P(B|A)*P(B)/P(A)$。下面介绍朴素贝叶斯算法。

朴素贝叶斯算法成立的前提是各属性之间互相独立。当数据集满足这种独立性假设时,分类的准确度较高,否则可能较低。其基本过程如下。设每个数据样本用一个 n 维特征

向量来描述,即 $X = \{x_1, x_2, \cdots, x_n\}$;假定有 m 个类,分别用 $C_1, C_2, \cdots, C_m$ 表示。给定一个未知的数据样本 X,若朴素贝叶斯分类法将未知的样本 X 分配给类 C_i,则有

$$P(C_i \mid X) > P(C_j \mid X) \qquad 1 \leqslant j \leqslant m \text{ 且 } j \neq i \tag{5-7}$$

根据贝叶斯定理,由于 $P(X)$ 对于所有类为常数,最大化后验概率 $P(C_i \mid X)$ 可转化为最大化概率 $P(X \mid C_i)P(C_i)$。如果训练数据集有许多属性和元组,计算 $P(X \mid C_i)$ 的开销可能非常大,为此,通常假设各属性的取值互相独立,这样先验概率 $P(x_1 \mid C_i), P(x_2 \mid C_i), \cdots, P(x_n \mid C_i)$ 可从训练数据集求得。

根据此方法,对一个未知类别的样本 X,可首先分别计算出 X 属于每一个类别 C_i 的概率 $P(X \mid C_i)P(C_i)$,然后选择其中概率最大的类别作为其类别。

2)聚类

聚类是一种最常见的无监督学习方法。它是将相似的数据归到不同的类或者簇中的一个过程,属于同一类别的数据间的相似性很大,但不同类别之间数据的相似性很小,跨类的数据关联性很低。聚类分析是一种探索性的分析,在聚类的过程中,人们不必事先给出一个分类的标准,聚类分析能够从样本数据出发,自动进行分类。

(1)K-means

K 均值是寻找数据集中 k 个簇的算法,K 均值算法的基本思想是:以空间中 k 个点为中心进行聚类,对最靠近它们的对象归类。通过迭代的方法,逐次更新各聚类中心的值,直至得到最好的聚类结果。

其基本过程是:首先从 n 个数据对象任意选择 k 个对象作为初始聚类中心;而对于所剩下其他对象,则根据它们与这些聚类中心的相似度(距离),分别将它们分配给与其最相似的(聚类中心所代表的)聚类;然后再计算每个所获新聚类的聚类中心(该聚类中所有对象的均值);不断重复这一过程直到标准测度函数开始收敛为止。一般都采用均方差作为标准测度函数。

(2)Canopy

Canopy 与传统的聚类算法(如 K-means)不同,Canopy 聚类最大的特点是不需要事先指定 k 值(即 clustering 的个数),因此具有很大的实际应用价值。与其他聚类算法相比,Canopy 聚类虽然精度较低,但其在速度上有很大优势。考虑到 K 均值在使用上必须要确定 k 的大小,而往往数据集预先不能确定 k 的值大小的,这样如果 k 取的不合理会带来 K 均值的误差很大(也就是说 K 均值对噪声的抗干扰能力较差),因此,可使用 Canopy 聚类先对数据进行"粗"聚类,得到 k 值后再使用 K 均值进行进一步"细"聚类。

Canopy 算法的主要思想是把聚类分为两个阶段:

①通过使用一个简单、快捷的距离计算方法把数据分为可重叠的子集,称为"Canopy"。

②通过使用一个精准、严密的距离计算方法来计算出现在阶段一中同一个 Canopy 的所有数据向量的距离。

这种方式与之前聚类方式的不同在于使用了两种距离计算方式,同时,因为只计算了重叠部分的数据向量,所以达到了减少计算量的目的。

(3)分层聚类

分层聚类法就是对给定数据对象的集合进行层次分解,根据分层分解采用的分解策略,

分层聚类法又可分为凝聚的分层聚类和分裂的分层聚类。凝聚的分层聚类采用自底向上的策略,首先将每一个对象作为一个类,然后根据某种度量(如两个当前类中心点的距离)将这些类合并为较大的类,直到所有的对象都在一个类中,或者是满足某个终止条件时为止,绝大多数分层聚类算法属于这一类,它们只是在类间相似度的定义上有所不同。分裂的分层聚类采用与凝聚的分层聚类相反的策略——自顶向下,它首先将所有的对象置于一个类中,然后根据某种度量逐渐细分为较小的类,直到每一个对象自成一个类,或者达到某个终止条件(如达到希望的类个数,或者两个最近的类之间的距离超过了某个阈值)。

(4)基于密度的聚类分析

DBSCAN(Density-Based Spatial Clustering of Applications with Noise)是一个比较有代表性的基于密度的聚类算法。与划分和层次聚类方法不同,它将簇定义为密度相连的点的最大集合,能把具有足够高密度的区域划分为簇,并可在噪声的空间数据库中发现任意形状的聚类。DBSCAN算法将具有足够高密度的区域划分为一类,并可在带有噪声的空间数据库中发现任意形状的聚类。

DBSCAN算法是基于密度的聚类算法,它将类看成数据空间中被低密度区域分割开的高密度对象区域。在该算法中,发现一个聚类的过程是基于这样的事实:一个聚类能够被其中的任意一个核心对象所确定。其基本思想是:考察数据库 D 中的某一个点 P,若 P 是核心点,则通过区域查询得到该点的邻域,邻域中的点和 P 同属于一个类,这些点将作为下一轮的考察对象,并通过不断地对种子点进行区域查询来扩展它们所在的类,直至找到一个完整的类。

3)回归分析

回归分析是通过分析现象之间相关的具体形式,确定变量之间的因果关系,建立回归模型,并根据实测数据来求解模型的各个参数,在能够很好地拟合实测数据的情况下作进一步预测。回归分析的本质就是一个函数估计的问题。其基本过程包括:根据预测目标,确定自变量和因变量;建立回归预测模型;进行相关分析;检验回归预测模型,计算预测误差;计算并确定预测值。

(1)一般线性回归

线性回归假设特征和结果满足线性关系。其实线性关系的表达能力非常强大,每个特征对结果的影响强弱可以由前面的参数体现,而且每个特征变量可以首先映射到一个函数,然后再参与线性计算。这样,就可表达特征与结果之间的非线性关系。

用 $x_1, x_2, \cdots, x_n$ 去描述特征里面的分量,可做出一个估计函数,即

$$h(x) = h_\theta(x) = \theta 0 + \theta_1 x_1 + \theta_2 x_2 + \cdots + \theta_n x_n \tag{5-8}$$

如果令 $x_0 = 1$,就可以用向量的方式来表示

$$h_\theta(x) = \theta^{\mathrm{T}} X \tag{5-9}$$

为了评价参数取值的好坏,一般需要设置一个损失函数或者错误函数,用来描述 h 函数的拟合好坏程度,下面称这个函数为 J 函数。

则可认为错误函数为

$$J(\theta) = \frac{1}{2} \sum_{i=1}^{m} (h_\theta(x^{(i)}) - y^{(i)})^2 \tag{5-10}$$

这个错误估计函数是去对 $x^{(i)}$ 的估计值与真实值 $y^{(i)}$ 差的平方和作为错误估计函数,如何调整 θ 以使得 $J(\theta)$ 取得最小值有很多方法,如最小二乘法和梯度下降法。

(2)Logistic 回归

Logistic 回归本质上是线性回归,只是在特征到结果的映射中加入了一层函数映射,即先把特征线性求和,然后使用函数 $g(z)$ 将作为假设函数来预测。$g(z)$ 可将连续值映射到 0 和 1 上。

Logistic 回归的假设函数为

$$h_\theta(x) = g(\theta^{\mathrm{T}}X) = \frac{1}{1 + e^{-\theta^{\mathrm{T}}X}} \tag{5-11}$$

$$g(z) = \frac{1}{1 + e^{-z}} \tag{5-12}$$

Logistic 回归用来分类 0-1 问题,也就是预测结果属于 0 或者 1 的二值分类问题。这里假设了二值满足伯努利分布,即

$$P(y = 1 \mid x; \theta) = h_\theta(x) \tag{5-13}$$

$$P(y = 0 \mid x; \theta) = 1 - h_\theta(x) \tag{5-14}$$

当然假设它满足泊松分布、指数分布等也可以,只是比较复杂。

可以看到 Logistic 回归与线性回归类似,只是 $\theta^{\mathrm{T}}X$ 换成了 $h_\theta(x)$,而 $h_\theta(x)$ 实际上就是 $\theta^{\mathrm{T}}X$ 经过 $g(z)$ 映射过来的。

4)关联规则

(1)Apriori 算法

Apriori 是一种最有影响的挖掘布尔关联规则频繁项集的算法。其核心是基于两阶段频集思想的递推算法。在这里,所有支持度大于最小支持度的项集称为频繁项集,简称频集。

该算法的基本思想是:首先找出所有的频集,这些项集出现的频繁性至少和预定义的最小支持度一样。然后由频集产生强关联规则,这些规则必须满足最小支持度和最小可信度。然后使用第一步找到的频集产生期望的规则,产生只包含集合的项的所有规则,其中每一条规则的右部只有一项。一旦这些规则被生成,那么,只有那些大于用户给定的最小可信度的规则才被留下来。为了生成所有频集,使用了递归的方法。

Apriori 算法流程如下:

①扫描数据库,生成候选 1 项集和频繁 1 项集。

②从 2 项集开始循环,由频繁 $k-1$ 项集生成频繁 k 项集。

③频繁 $k-1$ 项集生成 2 项子集,这里的 2 项指的生成的子集中有两个 $k-1$ 项集。

④对生成的 2 项子集中的两个项集根据上面所述的连接步进行连接,生成 k 项集。

⑤对 k 项集中的每个项集根据如上所述的剪枝步进行计算,舍弃掉子集不是频繁项集即不在频繁 $k-1$ 项集中的项集。

⑥计算过滤后的 k 项集的支持度,舍弃掉支持度小于阈值的项集,生成频繁 k 项集。

⑦在当前生成的频繁 k 项集中只有一个项集时循环结束。

(2)FP-Growth

Apriori 算法中有一个很重要的性质,即频繁项集的所有非空子集都必须也是频繁的,

Apriori 算法在产生频繁模式完全集前需要对数据库进行多次扫描,同时产生大量的候选频繁集,这就使 Apriori 算法时间和空间复杂度较大,导致 Apriori 算法在挖掘额长频繁模式的时候性能往往低下,基于此问题,Jiawei Han 提出了 FP-Growth 算法。

FP-Growth 算法的核心是 FP-Tree 的构建。FP-Tree 通过链接来连接相似元素,被连接的元素可称为一个链表。FP-Tree 会存储项集的出现频率,每个项集以路径的方式存储在树中,存在相似元素的集合会共享树的一部分,集合出现不同时树才会分叉,树节点上给出集合中的单个元素及其在序列中的出现次数。下面给出 FP-Tree 的构建过程。

假设某数据库 DB 里有 5 条事务记录,取最小支持度为 3。

首先扫描一遍数据库,获取所有频繁项,删除频率小于最小支持度的项,得到频繁项 {(c:4),(f:4),(a:3),(b:3),(m:3),(p:3)},":"之后的数字表示对应项的出现频率。处理之后的数据库记录见表 5-2。

表 5-2　原始数据的处理

Tid	原始数据	处理后数据
1	f, a,c,d,g,i,m,p	c,f,a,m,p
2	a, b,c,f,l,m,o	c,f,a,b,m
3	b,f,h,j,o	f,b
4	b,c,k,s,p	c,b,p
5	a,f,c,e,l,p,m,n	c,f,a,m,p

第二次扫描数据库,在第一次处理完成的结果基础上构建 FP-Tree。

①取出第一条数据,构建 FP-Tree 的第一条路径{c,f,a,m,p}。

②取出第二条数据,它与第一条路径共享了部分数据{c,f,a},可重复利用已有的路径,只需要将其计数加 1,即{(c:2),(f:2),(a:2)}。而对于后面不同的部分,创建新的路径 {(b:1),(m:1)}。其中,b 为 a 的子节点,m 为 b 的子节点。

③取出第三条数据,没有重复路径,新建节点作为 f 的子节点,得到路径{(f:3),(b:1)}。

④取出第四条数据,没有重复路径,构建新路径{(c:3),(b:1),(p:1)}。

⑤取出第五条数据,同上原理构建路径{(c:4),(f:4),(a:3),(m:2),(p:2)}。

经过两遍数据库扫描,完成了 FP-Tree 的构建。在此例中,c 点为整个 FP-Tree 的唯一根节点,但其实多数情况下,根节点并不是唯一的,即有多棵子树,为了方便树结构的遍历,可人为添加一个根节点,通常标记为 Root。参照图 5-1,可更清楚地理解整个过程。

在构建了 FP-Tree 之后,就可以进行频繁项集挖掘。从 FP-Tree 中抽取频繁项集的步骤包括从 FP-Tree 中获得条件模式基;利用条件模式基,构建条件 FP 树;重复迭代,直到条件树包含一个元素项。

每一个频繁元素项都可获得相应的条件模式基,条件模式基是以所查找的元素项为结尾的路径集合,因此,每一条路径都是介于所查找元素项与树根节点之间的所有内容。对于每一个频繁项,都可以创建一颗条件 FP 树,用条件模式基作为输入数据,用相同的构建方法来构建条件 FP 树。然后,通过对条件 FP 树的分析,能递归地发现频繁项、发现条件模式基以及另外的条件树,将此过程重复进行,直到条件树中只有一个元素为止。

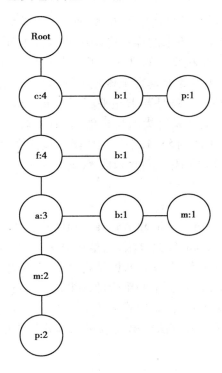

图 5-1   FP 树的构建

(3)Eclat 算法

与 Apriori 算法和 FP-Growth 算法不同,Eclat 算法加入了倒排的思想,加快频繁集生成速度。该算法将原数据表进行转换,原事务 ID 作为频繁度计算指标,原事务中的项作为关键字,其转换过程见表 5-3 和表 5-4。

表 5-3   原始数据

Tid	Item
1	a,b
2	b,c
3	c,d
4	a,b,c,d
5	b,c,d

表 5-4   转换后的数据

Item	Tid
a	1,4
b	1,2,4,5
c	2,3,4,5
d	3,4,5

其算法思想是:由频繁 k 项集求交集,生成候选 $k+1$ 项集。对候选 $k+1$ 项集做裁剪,生成频繁 $k+1$ 项集,再求交集生成候选 $k+2$ 项集。如此迭代,直到项集归一。具体过程与 Apriori 算法和 FP-Growth 算法类似,在此不再赘述。

5）基于核的算法

（1）支持向量机

支持向量机 SVM 是一种有监督的学习方法，通过一个非线性映射 k，把样本空间映射到一个高维的特征空间中，使得在原来的样本空间中非线性可分的问题转化为在特征空间中的线性可分的问题。支持向量机算法的目的在于寻找一个超平面 $H(d)$，该超平面可将训练集中的数据分开，且与类域边界的沿垂直于该超平面方向的距离最大，故 SVM 法也被称为最大边缘算法。所谓最优超平面就是要求超平面不但能将两类正确分开，而且使分类间隔最大；使分类间隔最大实际上就是对模型推广能力的控制，这正是 SVM 的核心思想所在。选择不同的核函数，可生成不同的 SVM，常用的核函数包括线性核函数 $K(x,y)=x \cdot y$；多项式核函数 $K(x,y)=[(x \cdot y)+1]^d$；径向基函数 $K(x,y)=\exp(-|x-y|^2/d^2)$；二层神经网络核函数 $K(x,y)=\tan h(a(x \cdot y)+b)$。

（2）线性判别分析

线性判别式分析（Linear Discriminant Analysis，LDA），也称 Fisher 线性判别（Fisher Linear Discriminant，FLD），是模式识别的经典算法，它是在 1996 年由 Belhumeur 引入模式识别和人工智能领域的。线性判别式分析的基本思想是将高维的模式样本投影到最佳鉴别矢量空间，以达到抽取分类信息和压缩特征空间维数的效果，投影后保证模式样本在新的子空间有最大的类间距离和最小的类内距离，即模式在该空间中有最佳的可分离性。因此，它是一种有效的特征抽取方法。使用这种方法能够使投影后模式样本的类间散布矩阵最大，并且同时类内散布矩阵最小。

6）人工神经网络

人工神经网络（Artificial Neural Networks，ANN）系统是 20 世纪 40 年代后出现的，它是由众多的神经元可调的连接权值连接而成，具有大规模并行处理、分布式信息存储、良好的自组织自学习能力等特点，在信息处理、模式识别、智能控制及系统建模等领域得到越来越广泛的应用。

（1）深度学习

深度学习的概念起源于人工神经网络的研究，有多个隐层的多层感知器是深度学习模型的一个很好的范例。对神经网络而言，深度指的是网络学习得到的函数中非线性运算组合水平的数量。当前，神经网络的学习算法多是针对较低水平的网络结构，将这种网络称为浅结构神经网络，如 1 个输入层、1 个隐含层和 1 个输出层的神经网络；与此相反，将非线性运算组合水平较高的网络称为深度结构神经网络，如 1 个输入层，3 个隐层和 1 个输出层的神经网络。典型的深度学习模型有卷积神经网络、DBN 和堆栈自编码网络模型等。下面以堆栈自编码网络模型为例进行说明。

堆栈自编码网络的结构由若干结构单元堆栈组成，其结构单元为自编码模型，自编码模型是一个两层的神经网络，第一层称为编码层，第二层称为解码层，如图 5-2 所示。训练该模型的目的是用编码器 $c(\cdot)$ 将输入 x 编码成表示 $c(x)$，再用解码器 $g(\cdot)$ 从 $c(x)$ 表示中解码重构输入 $r(x)=g(c(x))$。因此，自编码模型的输出是其输入本身，通过最小化重构误差 $L(r(x),x)$ 来执行训练。当隐层是线性的，并且 $L(r(x),x)=\|r(x)=x\|^2$ 是平方误差时，

$c(x)$训练网络将输入投影到数据的主分量空间中,此时自编码模型的作用等效于 PCA;当隐层非线性时,与 PCA 不同,得到的表示可堆栈成多层,自编码模型能够得到多模态输入分布。重构误差的概率分布可解释为非归一化对数概率密度函数这种特殊形式的能量函数,意味着有低重构误差的样例对应的模型具有更高的概率。给定$c(x)$,将均方差准则推广到最小化重构负对数似然函数的情况,即

$$RE = -\log p(x \mid c(x)) \tag{5-15}$$

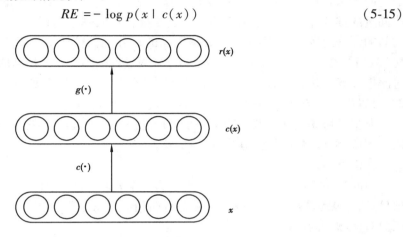

图 5-2　堆栈自编码网络的结构

能量函数中的稀疏项可用于有固定表示的情形,并用于产生更强的保持几何变换不变性的特征。当输入x_i是二值或者二项概率时,损失函数为

$$-\log p(x \mid c(x)) = -\sum x_i \log g_i(c(x)) + (1 - x_i)\log[1 - g_i(c(x))] \tag{5-16}$$

$c(x)$并不是对所有的x都具有最小损失的压缩表示,而是x的失真压缩表示。因此,学习的目的是使编码$c(x)$为输入的分布表示,可学习到数据中的主要因素,使其输出成为所有样例的有损压缩表示。

（2）BP 算法

BP（Back Propagation）算法即反向传播算法,是一种按误差逆传播算法训练的多层前馈网络,是目前应用最广泛的神经网络模型之一。BP 算法本质上是一种神经网络的学习模型,其拓扑结构（见图 5-3）包括输入层（Input Layer）、隐含层（Hidden layer）和输出层（Output layer）。

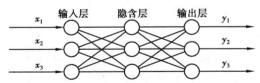

图 5-3　BP 神经网络算法拓扑结构

BP 算法是一种有监督式的学习算法,其主要思想是:输入学习样本,使用反向传播算法对网络的权值和偏差进行反复的调整训练,使输出的向量与期望向量尽可能地接近,当网络输出层的误差平方和小于指定的误差时训练完成,保存网络的权值和偏差。

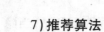
7)推荐算法

(1)协同过滤推荐算法

协同过滤这一概念是在 1992 年由 Goldberg, Nicols, Oki 和 Terry 首次提出并应用于 Tapestry 系统的算法,协同过滤推荐算法目前已经成为电子商务推荐系统中应用最广泛、最成功的技术。目前,主要有两类协同过滤算法:基于用户的协同过滤推荐算法和基于物品的协同过滤推荐算法。基于用户的协同过滤推荐算法基于这样一个假设,即如果用户对一些物品的评分比较相似,则他们对其他物品的评分也比较相似。算法根据目标用户的最近邻居(最相似的若干用户)对某个物品的评分逼近目标用户对该物品的评分。基于物品的协同过滤推荐算法认为,用户对不同物品的评分存在相似性,当需要估计用户对某个物品的评分时,可以用户对与该物品相似物品的评分进行估计。

典型的协同过滤推荐算法是基于用户的协同过滤推荐算法,其过程一般包含 3 步:建立用户评价矩阵、寻找最近邻居和产生推荐。

①建立用户评价矩阵

协同过滤算法的输入数据通常表示为一个 $m*n$ 的用户评价矩阵 $\boldsymbol{R}$。m 是用户数,n 是项目数,$r_{u,i}$ 表示第 u 个用户对第 i 项的评价值。通常采用 5 级评分的办法,评分越高表明该用户对该物品的兴趣越大。

②寻找最近邻居

在这一阶段,主要完成对目标用户最近邻居的查找。通过计算目标用户与其他用户之间的相似度,找出与目标用户最相似的"最近邻居"集。即对目标用户 u,生一个以相似度 $sim(u,v)$ 递减排列的"邻居"集合 $N_u = \{N_1, N_2, \cdots, N_i\}$。计算用户之间的相似度可采用皮尔森相关系数、余弦相似性和修正的余弦相似性等度量方法。

③产生推荐

设目标用户 u 已评价物品集合为 I_u,则目标用户 u 对任意物品 i 的预测评分 $p_{u,i}$ 可通过邻居用户 v 对物品 i 的评分得到,计算方法为

$$p_{u,i} = \overline{r_u} + \frac{\sum_{v \in N_u} sim(u,v) \cdot (r_{v,i} - \overline{r_v})}{\sum_{v \in N_u} sim(u,v)} \tag{5-17}$$

通过上述方法预测出目标用户对未评价物品的评分,然后选择预测评分最高物品推荐给目标用户。

(2)基于内容的推荐算法

基于内容的推荐与协同过滤推荐不同,不需要用户对物品的评分数据,且不需要比较多个用户或多个物品之间的相似度。该算法的基本思想是首先根据用户的历史兴趣数据,建立用户模型,然后针对推荐物品的特征描述进行特征提取,最后将物品特征与用户模型相比较,相似度较高的物品就可以得到推荐。其中,物品特征提取目前的研究主要集中于文档特征提取,特征提取算法一般采用词频-倒排文档频率法,即 TF-IDF 算法。建立用户模型的算法一般使用机器学习领域的算法,如决策树分类算法、贝叶斯分类算法、神经网络,基于概率模型的方法和线性分类器等对象特征和用户模型相似度比较的算法,最简单的可采用向量

夹角余弦法计算。

以文本推荐方法为例,基于内容的推荐方法根据历史信息(如评价、分享、收藏过的文档)构造用户偏好文档,计算推荐项目与用户偏好文档的相似度,将最相似的项目推荐给用户。相比于多媒体信息,文本类项目的特征提取相对容易。因此,基于内容的推荐方法在文本类推荐领域得到了广泛应用。

用户偏好文档和推荐项目文档都采用关键字表示特征,采用 TF-IDF 方法为各个特征确定权重。TF-IDF 方法的基本思想是:一方面,关键字 k 在文档 D 中出现的次数越多,表示 k 对文档 D 越重要,越能用该关键字表示文档 D 的语义;另一方面,关键字 k 在不同文档中出现的次数越多,表示 k 对区别文档的贡献越少。综合考虑以上两个方面,提出 TF-IDF 的特征权重设置方法。设文档集包含的文档数为 N,文档集中包含关键字 k_i 的文档数为 n_i,f_{ij} 表示关键字 k_i 在文档 d_j 中出现的次数,k_i 在文档 d_j 中的词频 TF_{ij} 的定义为

$$TF_{ij} = \frac{f_{ij}}{max_z f_{zj}} \qquad (5-18)$$

其中,z 表示在文档 d_j 中出现的关键字。

k_i 在文档集中出现的逆频 IDF_i 的定义为

$$IDF_i = \log \frac{N}{n_i} \qquad (5-19)$$

k 维向量 $d_j = (w_{1j}, w_{2j}, \cdots, w_{kj})$ 和 $d_c = (w_{1c}, w_{2c}, \cdots, w_{kc})$ 分别表示项目文档和用户 c 的配置文档,k 是关键词的个数,向量中的各个分量计算方法为

$$w_{ij} = TF_{ij} \cdot IDF_i = \frac{f_{ij}}{max_z f_{zj}} \cdot \log \frac{N}{n_i} \qquad (5-20)$$

可采用多种方法计算项目文档和用户配置文档的相似度。其中,夹角余弦方法最为常用,其计算方法为

$$sim(d_c, d_j) = \cos(\overrightarrow{d_c}, \overrightarrow{d_j}) = \frac{\sum_{i=1}^{k} w_{ic} w_{ij}}{\sqrt{\sum_{i=1}^{k} w_{ic}^2} \sqrt{\sum_{i=1}^{k} w_{ij}^2}} \qquad (5-21)$$

8)降维算法

(1)主成分分析

主成分分析法(Principal Component Analysis,PCA)是一种数据压缩和特征提取的多变量统计分析技术。它能够将多个相关变量转化为少数几个不相关的综合变量,且这些不相关的综合变量包含了原变量提供的大部分信息。其主要思想是将相关矩阵的特征向量构成的矩阵作为转换矩阵,对原始变量进行转换操作。同时,数据信息主要反映在数据变量的方差上,方差越大,包含信息越多。因此,通常用累计方差贡献率来衡量数据信息的丰富程度。主成分分析对多个样本的输入变量形成的数据矩阵求取相关矩阵,根据相关矩阵的特征值,获得累计方差贡献率,再根据相关矩阵的特征向量,确定主成分。其具体步骤如下:

①原始数据标准化。为消除由于原变量的量纲不同、数值差异过大带来的影响,对原变量作标准化处理。假设有 m 个指标 $x_1, x_2, \cdots, x_m$ 分别表示每个对象的各个特性,如果有 N

个对象,可以用 $N*m$ 矩阵表示,即

$$X_{N*m} = \begin{bmatrix} x_{11} & \cdots & x_{1m} \\ \vdots & \ddots & \vdots \\ x_{N1} & \cdots & x_{Nm} \end{bmatrix} \tag{5-22}$$

首先进行中心标准化处理生成标准矩阵 Y,标准化处理方法为

$$x_{ij}^* = (x_{ij} - \overline{x_j})/S_j \tag{5-23}$$

式中,$\overline{x_j}$,S_j 分别表示指标变量 x_j 的均值和方差。

②建立相关矩阵 R,并计算其特征值和特征向量,即

$$R = X^{*T}X^*/(N-1) \tag{5-24}$$

式中,X^* 为标准化后的数据矩阵。

建立相关矩阵 R 后,求得自相关矩阵 R 的特征值 $\lambda_1 \geqslant \lambda_2 \geqslant \cdots \geqslant \lambda_m$ 及相应的特征向量 $u_1, u_2, \cdots, u_m$。

③确定主成分个数。方差贡献率和累计方差贡献率的计算方法为

$$\eta_i = 100\%\lambda_i/\sum_i^m \lambda_i \tag{5-25}$$

$$\eta_{\Sigma(p)} = \sum_i^p \eta_i \tag{5-26}$$

选取主成分的个数取决于累计方差贡献率,通常累计方差贡献率大于75%~95%时对应的前 p 个主成分便包含 m 个原始变量所能提供的绝大部分信息,主成分个数就是 p 个。

④p 个主成分对应的特征向量为 $U_{m*p} = [u_1, u_2, \cdots, u_p]$,则 n 个样本的 p 个主成分构成的矩阵 Z_{N*p} 为

$$Z_{N*p} = X_{N*m}^* U_{m*p} \tag{5-27}$$

(2)局部线性嵌入算法

LLE(Locally Linear Embedding)算法是最近提出的针对非线性数据的一种新的降维方法,经过处理后的低维数据能够保持原有的拓扑关系。它已经广泛应用于图像数据的分类与聚类、多维数据的可视化、文字识别以及生物信息学等领域中。LLE 算法假设在局部邻域内数据点是线性的,局部邻域内任意一点都可由邻域内的其他点线性叠加表示。该算法基于"高维空间中相关的点映射到低维空间之后也相关"的思想,将高维空间中的点映射到低维空间。局部线性嵌入算法的实施分为以下 3 步:

①确定数据样本的邻近点,已知数据样本 $x_1, x_2, \cdots, x_n$,对任意数据样本 x_i,确定其距离最近的 k 个样本点作为近邻点,通常用欧氏距离进行度量。

②对于每一个样本点,寻找最优重构权重向量,使得线性表示的误差最小,设置误差函数为

$$\varepsilon(w) = \sum_i \left| x_i - \sum_{j=1}^k w_j^i x_{ij} \right|^2 \tag{5-28}$$

其中,x_{ij} 表示样本 x_i 的第 j 个近邻点;w_j^i 是 x_i 与 x_{ij} 的权值,满足条件 $\sum_{j=1}^k w_j^k = 1$,采用最大似然估计法可求出权重向量 w。

③将所有样本点映射到低维空间中,设置损失函数为

$$\varepsilon(Y) = \sum_i \left| y_i - \sum_{j=1}^k \boldsymbol{w}_j^i y_{ij} \right|^2 \tag{5-29}$$

其中,y_i 是 x_i 在低维空间的重构,y_{ij} 是 y_i 的 k 个近邻点,满足条件 $\sum_{i=1}^{ni} y_i = 0$ 以及 $\frac{1}{n}\sum_{i=1}^n y_i y_i^{\mathrm{T}} = \boldsymbol{I}$,$\boldsymbol{I}$ 是一个 $k * k$ 的单位矩阵。由此求得最优解 $Y = [y_1, y_2, \cdots, y_n]$。

5.2 Mahout

应用于大数据挖掘的方法与技术众多,本节主要关注 Hadoop 生态系统中重要的数据挖掘组件 Mahout。

5.2.1 Mahout 概述

Mahout 一词源自北印度语,意指驱使象的人。Mahout 开始于 2008 年,作为 Apache Lucene 的子项目。Lucene 推出了一个开源搜索引擎,提供了搜索、文本挖掘和信息检索的实现方法。在计算机科学领域,这些术语和机器学习技术中的概念近似,如聚类、分类等。这样一来,某些 Lucene 贡献者的工作更多地落在了机器学习领域,由此逐渐脱离出来成为独立的子项目。不久后,Mahout 吸纳了开源协同过滤项目"Taste"。自 2010 年 4 月起,Mahout 成为了一个独立的 Apache 的顶级项目,并发布了全新的驱象人徽标。

Mahout 的大量工作不仅体现在以高效和可扩展的方式实现经典算法,而且将部分算法进行转换使其可在 Hadoop 上工作。Hadoop 的徽标是一头大象,Mahout 的驱象人徽标也解释了其与 Hadoop 的关系。它们的徽标如图 5-4、图 5-5 所示。

图 5-4　Hadoop 徽标　　　　　　　　　　　图 5-5　Mahout 徽标

从 Mahout 中孵化的许多技术和算法,现在仍在开发或实验阶段。但在项目初期,已确立了 3 个核心主题:协同过滤、聚类和分类。下文将对这 3 个主题进行详细的介绍。

5.2.2 Mahout 的推荐算法

人们每天都会对事物形成观点:喜欢、不喜欢、不关心。这些爱好各异,却存在规律可循。例如,从书架上拿起一本书,可能有这样的原因:也许它恰好放在对你有用的其他书籍旁边,而之所以这本书会被放在那里,是书店知道喜欢那些书的人很可能也会喜欢这本书;或许它恰好被放在你朋友的书架上,而你们在某一方面有共同的兴趣。

这些策略虽不相同,但在发掘新鲜事物上都是有效的:要找到某人可能喜欢的物品,可以观察与其志趣相投的人喜欢些什么;另一方面,通过观察其他人的明显偏好,也可弄清楚

哪些东西和已然喜欢的物品相似。实际上,它们是推荐算法中应用最广的两大类:基于用户的推荐(user-based)和基于物品的推荐(item-based)。严格来说,这两种通过了解用户和物品之间关系进行推荐的技术称为协同过滤。除此之外,立足于物品属性的推荐技术,通常被称为基于内容的推荐。例如,在电影推荐中,基于内容的系统首先分析用户已经看过的打分比较高的电影的共性(演员、导演、风格等),再推荐与这些用户感兴趣的电影内容相似度高的其他电影。

1)协同过滤

协同过滤的基本思想是根据用户之前的喜好以及其他兴趣相近的用户的选择来给用户推荐物品。

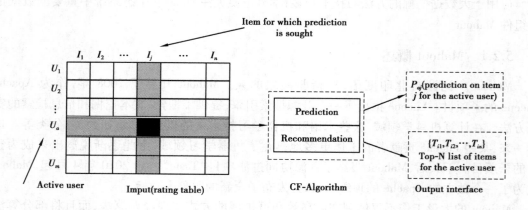

图 5-6　协同过滤示意图

如图 5-6 所示,在协同过滤中,用 $m \times n$ 的矩阵表示用户对物品的喜好程度,分数越高表示越喜欢这个物品,0 表示没有购买过该物品。图 5-6 中,行表示一个用户,列表示一个物品,U_{ij} 表示用户 i 对物品 j 的打分情况。协同过滤分为两个过程:一个为预测过程,另一个为推荐过程。预测过程是预测用户对没有购买过的物品的可能打分值,推荐是根据预测阶段的结果推荐用户最可能喜欢的一个或 Top-N 个物品。

（1）Mahout 中基于用户的推荐算法实现原理

基于用户的推荐算法的基本思想是如果用户 A 喜欢物品 a,用户 B 喜欢物品 a、b、c,用户 C 喜欢 a 和 c,那么认为用户 A 与用户 B 和 C 相似,因为他们都喜欢 a,而喜欢 a 的用户同时也喜欢 c,所以把 c 推荐给用户 A。该算法用最近邻居(nearest-neighbor)算法找出一个用户的邻居集合,该集合的用户和该用户有相似的喜好,算法根据邻居的偏好对该用户进行预测。

基于用户的推荐算法存在以下两个重大问题:

①数据稀疏性

一个大型的电子商务推荐系统一般有非常多的物品,用户可能买的其中不到 1% 的物品,不同用户之间购买的物品重叠性较低,导致算法无法找到一个用户的邻居,即偏好相似的用户。

②算法扩展性

最近邻居算法的计算量随着用户和物品数量的增加而增加,不适合数据量大的情况使用。

(2)Mahout 中基于物品的推荐算法实现原理

基于物品的推荐的基本思想是预先根据所有用户的历史偏好数据计算物品之间的相似性,然后把与用户喜欢的物品相类似的物品推荐给用户。如在上例中,可以知道物品 a 和 c 非常相似,因为喜欢 a 的用户同时也喜欢 c,而用户 A 喜欢 a,所以把 c 推荐给用户 A。

因为物品直接的相似性相对比较固定,所以可以预先计算好不同物品之间的相似度,把结果存在表中,当推荐时进行查表,计算用户可能的打分值。

①相似度计算方法

基于物品的推荐算法中,计算物品之间的相似度的方法有以下 3 种:

A.基于余弦(Cosine-based)的相似度计算

通过计算两个向量之间的夹角余弦值来计算物品之间的相似性,即

$$sim(i,j) = \cos(\vec{i}, \vec{j}) = \frac{\vec{i} \cdot \vec{j}}{\|\vec{i}\| * \|\vec{j}\|} \qquad (5\text{-}30)$$

其中,分子为两个向量的内积,即两个向量相同位置的数字相乘。

B.基于关联(Correlation-based)的相似度计算

通过计算两个向量之间的 Pearson 关联度来计算物品之间的相似性,即

$$sim(i,j) = \frac{\sum_{u \in U}(R_{u,i} - \overline{R_i})(R_{u,j} - \overline{R_i})}{\sqrt{\sum_{u \in U}(R_{u,i} - \overline{R_i})^2} \sqrt{\sum_{u \in U}(R_{u,j} - \overline{R_j})^2}} \qquad (5\text{-}31)$$

其中,$R_{u,i}$ 表示用户 u 对物品 i 的打分;$\overline{R_i}$ 表示第 i 个物品打分的平均值。

C.调整的余弦(Adjusted Cosine)相似度计算

由于基于余弦的相似度计算没有考虑不同用户的打分情况,可能有的用户偏向于给高分,而有的用户偏向于给低分。该方法通过减去用户打分的平均值消除不同用户打分习惯的影响,即

$$sim(i,j) = \frac{\sum_{u \in U}(R_{u,i} - \overline{R_u})(R_{u,j} - \overline{R_u})}{\sqrt{\sum_{u \in U}(R_{u,i} - \overline{R_u})^2} \sqrt{\sum_{u \in U}(R_{u,j} - \overline{R_u})^2}} \qquad (5\text{-}32)$$

其中,$\overline{R_u}$ 表示用户 u 打分的平均值。

②预测值计算方法

根据之前算好的物品之间的相似度,接下来对用户未打分的物品进行预测,则有以下两种预测方法:

A.加权求和

用过对用户 u 已打分的物品的分数进行加权求和,权值为各个物品与物品 i 的相似度,然后对所有物品相似度的和求平均,计算得到用户 u 对物品 i 打分,即

$$P_{u,i} = \frac{\sum\limits_{all\ similar\ items,N} (S_{i,N} * R_{u,N})}{\sum\limits_{all\ similar\ items,N} (|S_{i,N}|)} \tag{5-33}$$

其中, $S_{i,N}$ 为物品 i 与物品 N 的相似度; $R_{u,N}$ 为用户 u 对物品 N 的打分。

B.回归

与上面加权求和的方法类似,但回归的方法不直接使用相似物品 N 的打分值, $R_{u,N}$ 因为用余弦法或 Pearson 关联法计算相似度时存在一个误区,即两个打分向量可能相距比较远(欧氏距离),但有可能有很高的相似度。因为不同用户的打分习惯不同,有的偏向打高分,有的偏向打低分。如果两个用户都喜欢一样的物品,因为打分习惯不同,他们的欧式距离可能比较远,但他们应该有较高的相似度。在这种情况下,用户原始的相似物品的打分值进行计算会造成糟糕的预测结果。通过用线性回归的方式重新估算一个新的 $R_{u,N}$ 值,运用上面同样的方法进行预测。重新计算 $R_{u,N}$ 的方法为

$$R'_N = \alpha \overline{R_i} + \beta + \varepsilon \tag{5-34}$$

其中,物品 N 是物品 i 的相似物品; α 和 β 通过对物品 N 和 i 的打分向量进行线性回归计算得到; ε 为回归模型的误差。

2)基于内容的推荐算法

基于内容的推荐的基本思想是根据历史信息(如评价、分享、收藏过的文档)构造用户偏好文档,计算推荐项目与用户偏好文档的相似度,将最相似的项目推荐给用户。

基于内容的推荐过程一般包括以下 3 步:

(1)特征抽取(Item Representation)

特征抽取是为每个 item 抽取出一些特征来表示此 item。真实应用中的 item 往往都会有一些可以描述它的属性。这些属性通常可分为两种:结构化的(structured)属性与非结构化的(unstructured)属性。所谓结构化的属性,就是这个属性的意义比较明确,其取值限定在某个范围;而非结构化的属性往往意义不太明确,取值也没有什么限制,不好直接使用。例如,在交友网站上,item 就是人,一个 item 会有结构化属性(如身高、学历、籍贯等),也会有非结构化属性(如 item 自己发布的交友宣言、博客内容等)。对于结构化数据可以直接拿来使用;但对于非结构化数据(如文章),往往要先把它转化为结构化数据后才能在模型里加以使用。

(2)建模学习(Profile Learning)

建模学习利用一个用户过去喜欢(及不喜欢)的 item 的特征数据,来学习得出此用户 profile。有了这个模型,就可据此判断用户是否会喜欢一个新的 item。因此,要解决的是一个典型的有监督分类问题,理论上机器学习里的分类算法都可以照搬进这里,如 K 近邻法、Rocchio 算法、决策树及朴素贝叶斯算法等。

(3)推荐生成(Recommendation Generation)

推荐生成通过比较上一步得到的用户 profile 与候选 item 的特征,为此用户推荐一组相关性最大的 item。

如果上一步建模学习中使用的是分类模型(如决策树、朴素贝叶斯算法),那么,只要把

模型预测的用户最可能感兴趣的 n 个 item 作为推荐返回给用户即可。而如果建模学习中使用的直接学习用户属性的方法（如 Rocchio 算法），那么，需要把与用户属性最相关的 n 个 item 作为推荐返回给用户即可。其中的用户属性与 item 属性的相关性可使用如基于余弦的相似度等相似度度量获得。

基于内容的推荐存在着一些问题：

①item 的特征抽取一般很难（Limited Content Analysis）：如电影推荐中 item 是电影，社会化网络推荐中 item 是人，这些 item 属性都不容易抽取。实际上，几乎在所有实际情况中抽取的 item 特征都仅能代表 item 的一些方面，不可能代表所有方面。这可能导致从多个 item 抽取出来的特征完全相同。

②无法挖掘出用户的潜在兴趣（Over-specialization）：基于内容的推荐只依赖于用户过去对某些 item 的喜好，它产生的推荐也都会和用户过去喜欢的 item 相似。

但是，基于内容的推荐能够解决推荐新 item 的问题，也就是说只要一个新 item 加入就马上可以被系统推荐，被推荐的机会和旧 item 均等。而对于协同过滤技术而言，只有当此新 item 被某些用户喜欢（或打分），它才可能被推荐给其他用户。目前，大部分的推荐系统是以其他算法为主（如协同过滤），而辅以基于内容的推荐以解决主算法在某些情况下的不精确性。

5.2.3　Mahout 的分类算法

本节主要分析贝叶斯和随机森林算法在 Mahout 中的原理。

1）Mahout 中贝叶斯算法实现原理

贝叶斯分类是一种简单的分类算法，它的思想基础是对于给出的待分类项，求解在此项出现的条件下各个类别出现的概率哪个最大，就认为此待分类项属于哪个类别。下面通过 20 组新闻数据分类实例来说明 Mahout 中该算法的实现思路。

首先输入数据是 20 组新闻数据，共有大概 20 000 个文件，这些文件分布在 20 个文件夹中。然后用贝叶斯算法处理新的新闻数据并将其分类到相应的文件夹，整个流程包含以下 3 个任务：

（1）转换文本到可用向量

执行这一任务需要：转换文本到序列文件；转换序列文件到向量文件，这一部分在 Mahout 中由 7 个 Job 和 1 个直接操作分别执行。这一过程如图 5-7 所示。

Text2seq 表示把每个文件夹的名字加上文件名作为键（key），文件夹下面的每个文件作为值（value）分别输入，这样输入大约 20 000 条记录。

DocumentTokenizer 表示把每个键值对中的值进行转换，原先用字符串表示的文件变为使用一个类来表示，这个类里存储的是单词。value 输入如类 A（word1，word2，word3，…）。

WordCount 主要对上一步骤所有的单词计数，然后输出单词和对应的计数，形式如：（word1:2 000，word2:1 980，word3:1 500，…）。

CodeWord 为单词编码，即把单词转换为数值，这里按照词频进行排序，并将出现次数最多的单词编码为 0，之后以此类推。输入如（word1->0，word2->1，word3->2，…）。

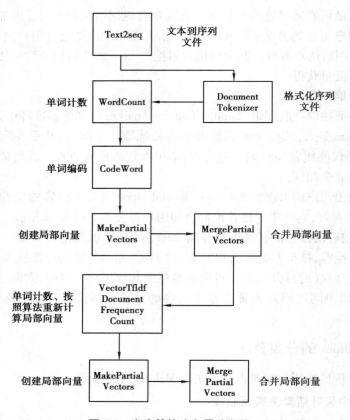

图 5-7 文本转换为向量流程图

Make Partial Vectors 创建局部变量。所谓创建局部变量,就是把 DocumentTokenizer 中的类文件存储的单词根据 CodeWord 中的编码进行转换。DocumentTokenizer 中输出的<key, value>对中 value 类文件中存储的是单词,而这一步中存储的是单词的编码,即数值。Value的输出如(0,1,2,0,1,…)。

Merge Patial Vectors 合并局部向量指的是把每个文件中的单词重复分别计数。上一步输出的<key,value>对中的 key 没有变化,仍是文件夹加上文件的名字,而 value 是类似这样的类:类 A(0,1,2,0,0,0,…),而这一步输出如类 B(0:500,2:480,1:300,…)。

VectorTfidf Document Frequency Count 相当于 WordCount 和 CodeWord 的整合,不过这里输入的是 MakePartialVectors 的输出,对应此步骤 WordCount 的输出类似下面的格式:(0:2 000,1:1 980,2:1 500,…),CodeWord 输出是(0:2 000,1:1 980,2:1 500,…)。

MakePartialVectors 把 MergePatialVectors 输出的类 B 中单词编码计数进行相应的转换,按照文本挖掘中应用到的 TfIdf 公式进行转换。

最后一步 MergePatialVectors 因为输入文件没有同名的文件夹,这个类的输出和MakePartialVectors 一样。

(2)划分训练数据和测试数据

在这个任务中,输入文件被分为两部分:一部分用于训练贝叶斯模型,另一部分用于测试。这一步没有使用 Hadoop 中的 Job,而是直接对 HDFS 进行操作:首先获取输入文件总行数 LineNumbers;然后按照一定比例随机生成容量为 LineNumbers 的随机[0,1]数组;最后按照随机数组把原始数据分为两组。

(3)贝叶斯建模

这一部分主要针对训练样本建立贝叶斯模型,然后使用测试样本对建立的模型进行测试,得到模型评价结果。这一过程如图 5-8 所示。

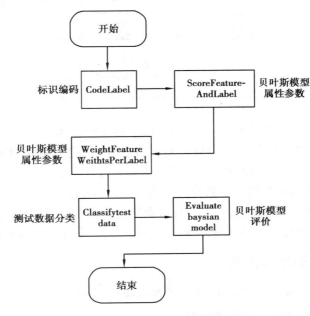

图 5-8　贝叶斯模型建模流程图

CodeLabel 把标识转换为数字,即标识编码。

ScoreFeatureAndLabel 得到一个 LabelNumbers * WordsNumbers 向量,这个向量是每个标识的全部对应单词次数分别相加得到。

WeightPerFeature 表示所有文件对应的单词的次数相加,这个向量是一维向量,容量大小是单词的个数。

WeightPerLabel 把每个标识的所有单词的避暑全部相加,这也是一维向量,容量是标识的个数。

Classifytestdata 根据 ScoreFeatureAndLabel,WeightPerFeature,WeightPerLabel 3 个向量和其他一些参数建模贝叶斯模型,然后使用该模型对测试数据分类。

Evaluatebayesianmodel 利用测试数据的分类结果也贝叶斯模型的效果进行评价。

2)Mahout 中随机森林算法实现原理

随机森林是采用随机的方式建立,由若干个决策树组合而成,并且每一棵决策树之间相互独立。当输入一个新的样本时,随机森林中的每一棵决策树分别进行判断,最后对分类结果进行投票,出现次数最多的类别就是预测结果。

随机森林算法的由 3 大部分组成:根据原始数据生成描述性文件;根据描述性文件、输入数据和其他参数应用决策树算法生成多棵决策树,把这些决策树进行转换以生成随机森林模型;使用测试数据来对上面生成的随机森林模型进行评估,具体流程已在 5.1 节中详细介绍。

下面重点介绍 Mahout 的随机森林算法的分布式策略,如图 5-9 所示。

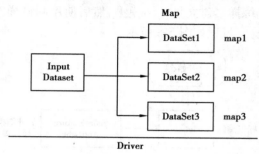

图 5-9　Random Forests 算法的分布式策略

这里首先根据提供分片的大小对原始数据进行分片,之后就可针对每一个分片建立 Map 任务,这样使得集群所有节点都参与计算,达到并行计算的目的。但是,这种策略也存在一些不足,如分片的大小问题。如果分片太大,那么可能只有一个分片,这样便不能达到并行的目的;如果分片太小,那么每一个分片数据所包含的数据就不足以涵盖原始数据的大部分特征,这样得到的随机森林模型效果就会较差。因此,分片大小需要特别慎重考虑。

5.2.4　Mahout 的聚类算法

本节主要分析 K-means 和 Canopy 算法在 Mahout 中的原理。

1) Mahout 中 K-means 算法实现原理

在 Mahout 中分别使用 KmeansDriver 设置循环,使用 KmeansMapper,KmeansReducer 作为算法的主体部分。该算法的输入主要包含两个路径(或者说文件):其中一个是数据的路径,另一个是初始聚类中心向量的路径,即包含 k 个聚类中心的文件。

该算法在 KmeansDriver 中通过不断循环使用输入数据和输入中心点来计算输出(这里的输出都定义在一个 clusters-N 的路径中,N 是可变的)。输出同样是序列文件,key 是 Text 类型,value 是 Cluster 类型。该算法的原理如图 5-10 所示。

KmeansDriver 通过判断算法计算的误差是否达到阈值或者算法循环的次数是否达到给定的最大次数来控制循环。在循环过程中,新的聚类中心文件路径,一般命名为"clusters-N"且被重新计算得到,这个计算结果是根据前一次的中心点和输入数据计算得到的。最后一步,是通过一个 KmeansMapper 根据最后一次的中心点文件来对输入文件进行分类,计算得到的结果放入文件名为"ClusteredPoints"文件夹中,这次任务没有 Combiner 和 Reducer 操作。

KmeansMapper 在 setup 函数中读取输入数据,然后根据用户定义的距离计算方法把这些输入放入最近的聚类中心簇中,输出的 key 是类的标签,输出的 value 是类的表示值。

KmeansCombiner 通过得到 Mapper 的输出,然后把这些输出进行整合,得到总的输出。

KeansReducer 通过设定一个 Reducer 来进行计算,接收所有的 Combiner 的输出,把相同的 key 的类的表示值进行整合并输出。

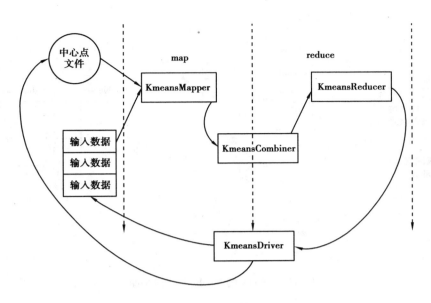

图 5-10　K-means **算法原理图**

2）Mahout 中 Canopy 算法实现原理

在 Mahout 中,Canopy 算法用于文本的分类。实现 Canopy 算法包含 3 个 MapReduce,即 3 个 Job,可描述为以下面 4 个步骤:

①Job1

将输入数据处理为 Canopy 算法可以使用的输入格式。

②Job2

每个 mapper 针对自己的输入执行 Canopy 聚类,输出每个 Canopy 的中心向量。

③Job3

每个 Reducer 接收 Mapper 的中心向量,并加以整合以计算最后的 Canopy 的中心向量。

④Job4

根据 Job2 的中心向量来对原始数据进行分类。

其中,Job1 和 Job3 属于基础操作,这里不再进行详细分析,而主要对 Job2 的数据流程加以简要分析,即只对 Canopy 算法的原理进行分析。

图 5-11 显示了 Job2 的 MapReduce 过程。

图 5-11 中的输入数据可以产生两个 Mapper 和一个 Reducer。每个 Mapper 处理其相应的数据,在这里处理的意思是使用 Canopy 算法来对所有的数据进行遍历,得到 Canopy。具体如下:首先随机取出一个样本向量作为一个 Canopy 的中心向量,然后遍历样本数据向量集,若样本数据向量和随机样本向量的距离小于 T_1,则把该样本数据向量归入此 Canopy 中,若距离小于 T_2,则把该样本数据从原始样本数据向量集中去除,直到整个样本数据向量集为空为止,输出所有的 Canopy 的中心向量。Reducer 调用 Reduce 过程处理 Map 过程的输出,即整合所有 Map 过程产生的 Canopy 的中心向量,生成新的 Canopy 的中心向量,即最终的结果。

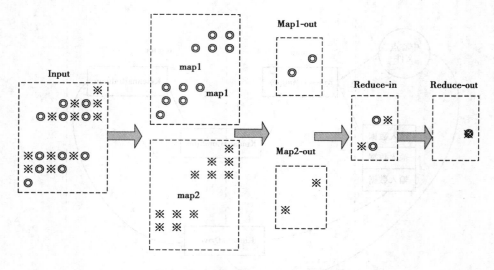

图 5-11　Canopy 的 MapReduce 过程图

5.3　Weka

在应用于大数据挖掘的方法和技术中,Weka 是一个功能强大而又易于使用的机器学习和数据挖掘工具。Weka 为数据挖掘的整个过程提供了全面支持,包括数据的准备、学习方案的统计评估、数据的输入和学习效果的可视化,并且它拥有最前沿的机器学习算法和适应范围非常广的数据预处理工具,以便用户能够快速灵活地将处理方法应用于新的数据集中。本节将会从 Weka 概述、Weka 数据预处理与 Weka 的机器学习算法 3 个方面简要介绍 Weka 的数据挖掘功能。

5.3.1　Weka 概述

怀卡托智能分析环境（Waikato Environment for Knowledge Analysis,Weka）是一个用于数据挖掘的工具包。在官方网站可免费下载可运行软件和源代码,还可获得说明文档、常见问题解答、数据集等资源。同时,Weka 也是新西兰的一种鸟名。因此,Weka 系统使用该鸟作为其徽标,如图 5-12 所示。以下简要介绍应用 Weka 的基本知识。

图 5-12　Weka 徽标

1）Weka 基本功能

Weka 的使用方式主要有以下 3 种:

①将学习方案应用于某个数据集,然后分析输出,从而更多地了解这些数据。

②使用已经学习到的模型对新的实例进行预测。

③使用多种学习器,根据性能表现选择其中一种来进行预测。

Weka 主界面称为 Weka GUI 选择器。Weka 主界面包含了 4 种不同的图形用户界面:Explorer 界面、Experimenter 界面、KnowledgeFlow 界面及 Simple CLI 界面。Explorer 界面是

Weka 系统提供的最容易使用的图形用户接口。它通过选择菜单和填写表单,可调用 Weka 的所有功能。Experimenter 界面是针对基于不同数据集的不同机器学习方法的大规模性能比较。KnowledgeFlow 界面是 Weka 的图形界面。而 Simple CLI 界面用于不提供自己的命令行界面的操作系统,可以和用户进行交互,直接执行 Weka 命令。本节主要介绍 Weka 常用的 Explorer 界面。

2) 数据集属性

数据集即待处理的数据对象的集合。数据集的属性可分为 4 种类型:定类(nominal)、定序(ordinal)、定距(interval)及定比(ratio)。其中,定类属性的值区分对象的类别,如性别(男、女)、科目(语文、数学、英语)等;定序属性的值可提供确定对象顺序的信息,如成绩等级(优、良、中、及格、不及格)、学历(中专、大专、本科、硕士、博士)等;定距属性值之间的差值是有意义的,如温度、日历日期等;而定比属性值之间的差和比值都是有意义的,如成绩分数、绝对温度等。

3) ARFF 格式

Weka 支持读取数据库表和多种格式的数据文件。其中,使用最多的是一种称为 ARFF 格式的文件。ARFF 是一种 Weka 专用的文件格式,全称为 Attribute-Relation File Format(属性-关系文件格式)。该文件是 ASCII 文本文件,描述共享一组属性结构的实例列表,由独立且无序的实例组成,是 Weka 表示数据集的标准方法,ARFF 不涉及实例之间的关系。

通常数据集是实例的集合,每个实例包含一定的属性,属性的类型包括:分类型(nominal)只能取定义值列表的一个;数字型(numeric),只能是实数和整数;字符串(string),由双引号引用的任意长度的字符列表;还有日期型(date)和关系型(relational·)。对于 ARFF 文件,其就是实例类型的外部表示,其中包括一个标题头(header),以描述属性的类型,还包含一个用逗号分隔的列表所表示的数据部分。此外,Weka 自带 23 个 ARFF 文件作为测试用示例数据集,文件位于安装目录的 data 子目录下。

4) 数据库访问

在实际的数据挖掘过程中,很多时候需要直接访问数据库,对数据库表的记录进行挖掘,Weka 可使用 JDBC 来访问数据库。

Weka 支持大部分常用数据库。用户需要链接数据库时,关闭可能正运行的 Weka,下载对应数据库的驱动,设置 CLASSPATH 环境变量使得 Weka 能找到该驱动。之后启动数据库运行,确保已经建立名称为 Weka 的数据库,为该数据库建立名称为 APP 的用户,密码自定,并为 APP 用户赋予相应的查询权限。正常的访问数据库,需要合理地根据计算机的实际情况去修改相应的配置文件,Weka 同时也提供了常用数据库对应的配置文件。

5.3.2　Weka 的数据预处理

在运用 Weka 实现各种机器学习算法等功能之前,需要对 Weka 软件的用户界面以及数据预处理操作有个明确的认识。

1）用户界面

启动 Weka GUI 选择器窗口，选择"Explorer"按钮就进入了探索者界面。在单击"open files"按钮加载数据集之后，所有面板都可以使用。例如，加载 data 子目录下的"weather. nominal.arff"文件，如图 5-13 所示。

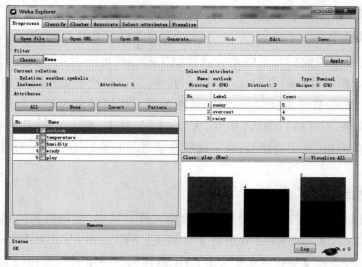

图 5-13　探索者界面

在图 5-13 中，可清楚地看到 6 个标签页（面板），代表着 Weka 所支持的多种数据挖掘方式。具体如下：

（1）Preprocess

选择数据集，并以不同方式对其修改。

（2）Classify

训练和测试关于分类或回归的学习方案，并对其评估。

（3）Cluster

从数据集中学习聚类。

（4）Associate

从数据集中学习关联规则，并对其评估。

（5）Select attributes

选择数据中最相关的部分属性。

（6）Visualize

查看不同二维数据散点图，并与其进行交互。

2）预处理

（1）数据加载

预处理面板的标签页可选择不同按钮将用户数据加载到 Weka 系统。Open file 按钮打开一个对话框，浏览本地文件系统上的数据文件；Open URL 请求一个存有数据的 URL 地址；Open DB 按钮用于从数据库中读取数据，Generate 按钮用于让用户使用不同的

DataGenerators(数据生成器)以生成人工数据。

Weka 支持读取多种数据格式文件,包括 Weka ARFF 格式、CSV 格式、JSON 实例文件格式、XRFF 格式等,Weka 提供了转换器(converters)从不同类数据源中导入数据。

(2)属性处理

在关系子面板下方,可以看到 Attributes(属性)子面板的表格,表格有三列表头,包括 No.(序列)号、复选框列和 Name(名字)列,由此构成基本的属性操作。All 可以选中复选框,None 全部取消,Invert 反选,Pattern 按钮使用 Perl 5 正则表达式指定要选中的属性,如图 5-14 所示。

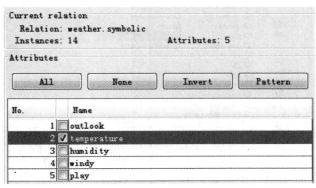

图 5-14　Attributes 子面板

在选中某一属性之后,右侧的 Selected attribute(已选择属性)子面板将显示选中属性的一些信息。其中,Name 栏显示属性的名称;Type 显示属性类型,最常见的是分类型(Nominal)和数值型(Numeric);Missing 表示该属性缺失(或者未指定)的实例的数量(及百分比);Distinct 表示该属性包含的不同值的数目;Unique 栏显示没有任何其他实例拥有该属性值的数量及百分比。而已选择的属性面板下的统计表格显示属性值的更多信息。如果单击"Visualize All"按钮,显示所有属性的直方图,如图 5-15 所示。

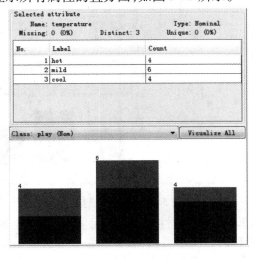

图 5-15　Selected attribute 子面板

（3）过滤器

过滤器也称筛选器,预处理面板允许定义并执行以各种方式转换数据的过滤器。在 Filter 标签之下有一个"Choose"按钮,单击该按钮可选择一个过滤器。

例如,现在从过滤器中删除一个属性:打开"Explorer"界面,载入天气数据,如图 5-16 所示。

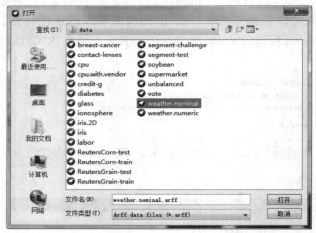

图 5-16　加载天气数据

打开"Choose"按钮可选择合适的过滤器。Weka 有很多过滤器,如图 5-17 所示。AllFilter 和 MultiFilter 用于合并使用多种过滤器,包括有监督和无监督过滤器。监督过滤器在过滤时会使用类的值,而无监督过滤器不使用类值,应用更加广泛。另外,监督过滤器和无监督过滤器都包括实例过滤器和属性过滤器。实例过滤器的处理对象是实例;属性过滤器的处理对象是属性。

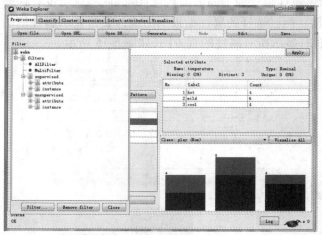

图 5-17　过滤器选择

如果选择删除湿度(humidity)属性,应选择无监督过滤器下的属性过滤器,也就是 Remove 过滤器。选择完合适的过滤器后,其名称和参数都会显示在过滤器输入框内。在框内单击会弹出一个通用对象编辑器对话框,如图 5-18 所示。接着,应对过滤器进行配置,About 框里是对该过滤器功能的简单介绍,单击"More"按钮可显示过滤器的简介和不同选项的功能,单击"Capabilities"按钮可列出所选择对象能够处理的类别类型和属性类型。AttributeIndices 里可输入要删除属性的序号范围。湿度(humidity)属性的序号是 3。因此,在 AttributeIndices 填数字 3。InvertSelection 可以进行颠倒设定操作,即选择 true 后则删除属性 3 以外的所有属性。然后单击"OK"按钮。最后单击"Apply"删除属性成功,结果如图 5-19 所示。

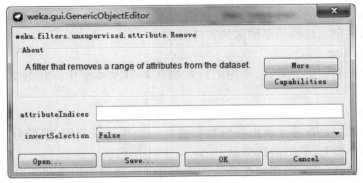

图 5-18　通用对象编辑器对话框

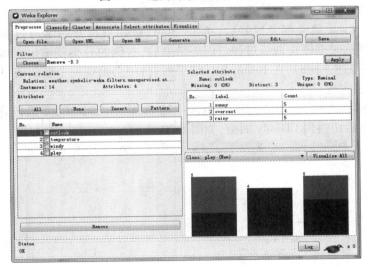

图 5-19　删除湿度属性

当然,Undo 按钮可以撤销错误的操作。删除属性操作可直接在预处理主面板上实现:首先在属性列表复选框里勾选要删除的属性,然后单击面板上的"Remove"按钮即可。另外,如果要对某一属性中的部分实例进行操作,则应选择实例过滤器而不是属性过滤器。

5.3.3　Weka 的机器学习算法

Weka 汇集了最前沿的机器学习算法,能为数据挖掘的整个过程提供全面的支持。本节将会介绍 3 种常见的机器学习算法在 Weka 中的实现。

1)分类

（1）分类面板介绍

Weka 提供专门的分类面板来构建分类器。在分类子面板内有 Choose 按钮以供选择分

类器,文本框显示当前选择的分类器的名称和选项。在分类面板的左侧有4个测试选项来设置不同的测试模式,分别是:

①Using training set

直接将训练集实例用于测试,评估分类器预测类别的性能。

②Supplied test set

从文件载入一组实例,根据分类器在这组实例上的预测效果来评价它。单击"Set…"按钮将打开一个对话框来选择用来测试的文件。

③Cross-validation

使用交叉验证来评价分类器,所用的折数填在Fold文本框中。在分类面板的左侧有4个测试选项。

④Percentage split

从数据集中按一定百分比取出部分数据放在一边作测试使用,根据分类器在这些实例上的预测效果来评价它,取出的数据量由"%"一栏中的值决定。

无论选哪种测试方法,得到的模型总是从所有训练数据中构建的。单击"More options"按钮可设置更多的测试选项。

(2)分类器训练

测试选项和Class属性都设置好后,单击"Start"按钮就可开始学习过程。可通过单击"Stop"按钮,在任意时刻停止训练过程。训练结束后,右侧的分类器输出区域会显示训练和测试结果的文字描述。同时,在Result list(结果列表)中会出现一个新的条目。

(3)分类算法实现

本节主要使用C4.5分类器来对data目录中的weather.nominal.arff进行分类操作。首先加载arff文件,然后切换到Classify面板,如图5-20所示。

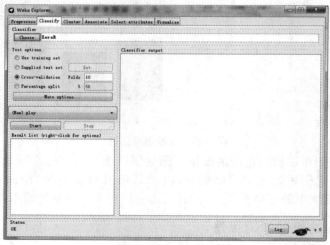

图5-20　Classify面板

C4.5算法在Weka中的分类器名称是J48,通过"Choose"按钮进行选择。在"Choose"按钮的文本框内,可看到当前分类器及选项:J48-C 0.25-M 2。这是默认的参数设置,单击可调整。

从分类面板中的Test options选择Use training set(使用训练集)选项,以确定测试策略。

那么,单击"Start"按钮启动分类器的构建和评估。训练和测试的结果会以文本方式显示在窗口右侧的 Classifier Output(分类器输出)框中,如图 5-21 所示。

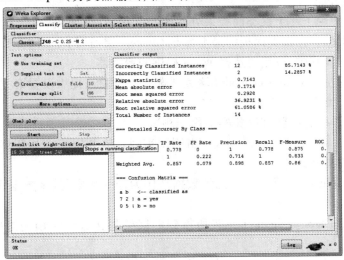

图 5-21　J48 运行结果

一般来说,输出内容包含以下 3 个部分:

①Run information.给出了学习算法各选项的一个列表。包括了学习过程中涉及的关系名称、属性、实例和测试模式。

②Classifier model(full training set).用文本表示的基于整个训练集的分类模型。

③根据所选的测试模式,可显示不同的内容。其中,包括 Summary(总结)、Detailed Accuracy By Class(按类别的详细准确性)、Confusion Matrix(混淆矩阵)等。

本例中的上述文字就描述了 J48 剪枝决策树,包括决策节点、分支和叶节点以及实例数量。同时,在图 5-21 左下角的 Result List(结果列表)面板上增加了相应的新条目"trees J48"。对它右击,可出现一系列的菜单选项。如果想可视化这个决策树,就右击条目并在弹出的菜单中选择"Visualize tree(可视化树)",这样就会出现决策树窗口,如图 5-22 所示。

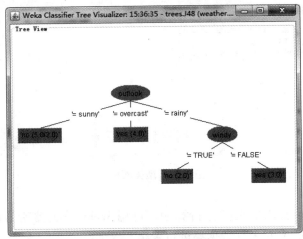

图 5-22　构建的决策树

2）聚类

（1）聚类面板介绍

Weka 中专门使用了一个聚类面板来处理聚类问题，在该面板中，选择对象的过程和在分类面板的操作类似。在聚类面板的最上部是 Cluster（聚类器）子面板，子面板包含 Choose 按钮和一个文本框。其中，按钮可选择 Weka 提供的聚类器。

在聚类面板的左部是 Cluster mode（聚类器选项）子面板，提供设置聚类模式以及如何评估结果的选项。聚类模式模式如下：

①Use training set.直接将训练集实例用于测试。

②Supplied test set.从一个文件载入一组测试实例。单击"Set…"按钮将打开一个对话框来选择用来测试的实例文件。

③Percentage split.取出特定百分比的数据来作为训练数据，其余数据作为测试数据，评价聚类器的性能。

④Classes to clusters evaluation.比较所得到的聚类与在数据中预先给出的类别的匹配程度。

⑤Store clusters for visualization.选中该框决定在训练完算法后可否对数据进行可视化。对于非常大的数据集，内存可能成为瓶颈时，不勾选这一栏应该会有所帮助。

通常情况下，在聚类过程中可设置忽略一些数据属性。单击"Ignore attributes"可弹出一个小窗口，选择哪些是需要忽略的属性。单击窗口中单个属性将使其高亮显示，按住"Shift"键可连续地选择一串属性，按住"Ctrl"键可决定各个属性被选与否。要取消所作的选择，单击"Cancel"按钮；要激活选择，单击"Select"按钮决定接受所作的选择，那么，下一次聚类算法运行时，被选的属性将被忽略。具体如图 5-23 所示。

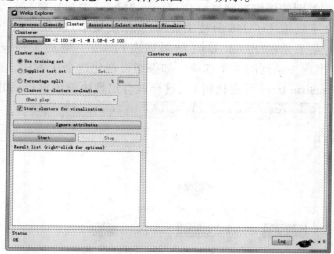

图 5-23　聚类面板

（2）聚类算法实现

K 均值算法是一种常用的聚类分析算法。可用 Weka 分类器所带的 SimpleKMeans 算法，也就是 K 均值算法，来对天气数据集进行聚类。

依旧是先在预处理面板加载 weather.numeric.arff 文件,切换到 Cluster 面板,选择 SimpleKMeans 算法,保持默认参数。单击"Start"按钮运行聚类算法,结果如图 5-24 所示。

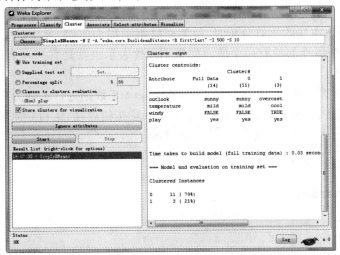

图 5-24　SimpleKMeans 算法运行结果

从输出结果上看到,聚类结果以表格形式显示。其中,行对应属性名,列对应簇中心。在开始的一个额外簇显示了整个数据集。每个簇拥有的实例数量显示所在列的顶部括号内。每一个表项如果是数值型属性,则显示平均值;如果是标称型属性,则显示簇所在列对应的属性标签。

聚类模式除了使用训练集以外,还可使用提供独立测试集(Supplied test set),分割百分比(Percentage split)或者类别作为簇的评估准则(Classes to clusters evaluation)的模式训练数据,根据每种聚类模式的显示输出进行聚类分析。

3) 关联规则

(1)关联面板介绍

关联分析主要用于发现隐藏在大型数据集中有意义的联系。Weka 的关联(Associate)面板包含了学习关联规则的方案,如图 5-25 所示。

图 5-25　关联分析面板

从面板布局来看,关联规则学习器可采用如过滤器、分类器和聚类器等其他面板相同的方式来进行选择和配置。在为关联面板学习器设置好合适参数之后,单击"Start"按钮即可启动学习器。学习完成后,可右键单击结果列表中的条目,以查看或保存结果。

（2）关联算法实现

关联规则的典型实例就是分析超市中的购物篮数据，找到那些以成组的形式出现的商品。

在 Weka 中进行市场购物篮分析时，每笔交易都编码为实例，其中的每个属性表示店里的一个商品项，每个属性都只有一个值。如果不包含表示也就是客户没有购买该项商品，就将其编码为缺少值。

可选择 Apriori 算法来对 data 目录的 supermarket.arff 数据进行关联分析。依旧是加载数据，选择 Apriori 算法，保持默认选项不变，单击"Start"按钮启动，运行结果如图 5-26 所示。

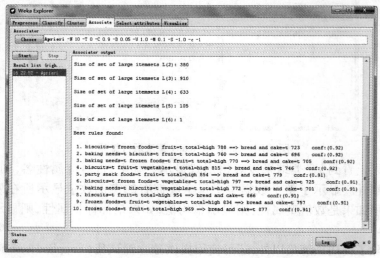

图 5-26　Apriori 算法运行结果

从分析的结果中可得到 10 条关联规则，由这些规则可得到一些显而易见的信息，如购买饼干、冷冻食品以及水果、蔬菜的顾客，会顺便购买面包和蛋糕。这些信息对超市经理来说非常重要，可根据挖掘到的知识重新安排货架、重新布局超市，提供快速付款通道以及安排送货等附加服务，以期提高市场竞争力。

可使用 Apriori 算法的不同参数，查看挖掘效果，得到一些意外而又在情理之中的结论。

5.4　R 语言

R 语言由于其强大的数学统计分析功能、开源性和其丰富的算法包，在大数据时代的应用越来越广泛。因此，有必要了解如何运用 R 语言实现机器学习算法。根据 Kdnuggets 公司对研究者近 12 个月使用过的大数据分析及数据挖掘工具软件的调查结果，如图 5-27 所示。2015 年使用过 R 语言的比例为 46.9%，排名第一，其使用比例相比于 2014 年的 38.5% 有所提升。

因此，很有必要学习 R 语言的相关知识，学习运用 R 语言进行数据分析与挖掘。本节将会从 R 语言概论、数据预处理与 R 语言中的机器学习 3 个方面简要介绍 R 语言的数据挖掘功能。

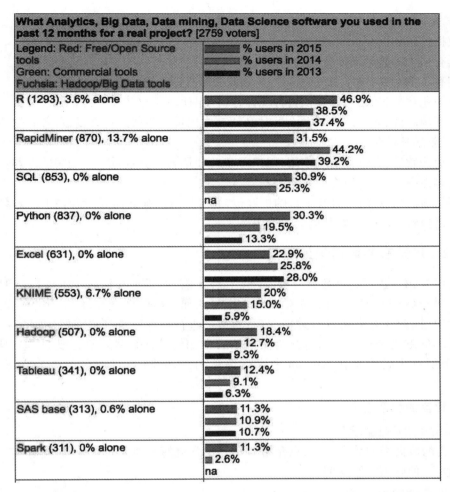

图 5-27　2015 年 Kdnuggets 对研究者近 12 个月使用过的大数据分析
及数据挖掘工具软件的调查

（数据来源：http://www.r-bloggers.com/r-tops-2015-kdnuggets-software-poll/）

5.4.1　R 语言概述

1976 年，为了替代昂贵的 SPSS 和 SAS 工具，John Cambers 在 AT&T 贝尔实验室开发了被称为 VAX 和 UNIX 小型机时代产物的 S 语言，那么，R 语言则是 PC 和 Linux 时代的产物。

R 语言是 1992 年由两位来自新西兰奥克兰大学的"R 姓"先生（Ross Ihaka & Robert Gentleman）与相关志愿者共同开发的，其中也包括 S 语言的发明者。因此，R 语言与 S 语言在某些数据处理路径上具有相似性。

R 语言可在 UNIX，Windows 和 Mac OS 系统中运行，是属于 GUN 系统的一个面向对象的、免费开源、能够自由有效地用于统计计算和绘图的语言和环境。简单来说，R 语言是一门用于统计计算和作图的语言，但它又不单是一门语言，更是一个数据计算与分析的环境。那么，R 语言到底是什么？具有哪些功能？在数据挖掘中又具有哪些优势？

R 语言具有强大的数据统计和数据挖掘功能,并且在可视化方面表现出色。

①数据处理和保存机制的性能高。

②具有强大的数学统计分析功能。

③拥有 7 500 多个来自多个不同行业领域的高质量的软件包。

④可视化功能强大,可以提供各种统计分析及图形显示工具。

⑤是开源软件,允许广大开发人员对 R 语言中出现的错误进行修复,对各种软件包进行优化,提供新的软件包。

⑥是免费软件,允许任何人使用,用户可登录 R 语言官方主页下载相关软件和安装包。

⑦兼容性高,几乎与所有的平台都兼容。

⑧可扩展性强,R 语言具有丰富的扩展包,并可自由加载其他开发者提供的函数和数据包;此外其更新速度快,一般每周会进行更新。

5.4.2　R 语言的数据预处理

在运用 R 语言进行各种数据分析处理等任务之前,需要对 R 语言中的数据类型有明确的认识。进行数据处理前,首先就是要将数据写入和写出软件;然后由于数据可能出现缺失值和噪声,因此还有必要进行数据清理;对数据进行整理以得到最终的数据集有利于数据分析处理的顺利进行。下面将介绍在 R 语言中如何进行数据的预处理工作。需要说明的是,本节所有代码均是在 Rstudio 中进行编辑的,Rstudio 是目前运用最为广泛的 R 编辑器。

1)R 语言的数据结构

(1)R 语言的数据类型

R 语言的数据类型较多,本书只介绍 R 语言中常见的 6 种数据类型:数值型、字符型、逻辑型、复数型、原味型及默认值。

①数值型-numeric

数值型数据为数字形式,实际上是整数型(intgers)和双精度型(double-precision)数据的总称,R 语言中默认为双精度型。

②字符型-character

字符型数据是用双引号“”或单引号‘ ’表示的字符串。

③逻辑型-logical

逻辑型数据只有两种取值:T(TRUE)和 F(FALSE),用于指示判断结果。

④复数型-complex

复数型数据是 a+bi 形式的复数。

⑤原味(原始)型-row

原味(原始)型是以二进制形式保存数据。

⑥默认值-missing value

当某些数据不完整时,会出现缺失值(missing value),R 语言中该位置则会出现 NA 值来予以替代。

表 5-5　常见的辨别和转换数据类型的函数

数据类型	辨别函数	转换函数
numeric	is.numeric( )	as.numeric( )
integer	is.integer( )	as.interger( )
double	is.double( )	as.double( )
character	is.character( )	as.character( )
logical	is.logical( )	as.logical( )
complex	is.complex( )	as.complex( )
NA	is.na( )	as.na( )

（2）R 语言的数据对象

常见的 R 语言的数据对象有 6 种：向量（vector）、矩阵（matrix）、数组（array）、因子（factor）、列表（list）及数据框（data frames）。向量、矩阵和数组大家都并不陌生，分别用c( )函数、matrix( )函数和 array( )函数进行定义。下面着重介绍一下后 3 类数据对象。

因子是以数字代码形式表现的字符型数据，通常用于分类，如人群的性别可以包含男和女两个因子。因子使用 factor( )函数进行定义。

前 3 类数据对象中数据类型需要保持一致，而现实中，需要处理的数据集中常常包含不同的数据类型，此时列表的作用便显现出来了：列表中可包含不同类型的数据，使用 list( )函数进行定义。

数据框是 R 语言特有的一种数据类型。它是一种矩阵形式的数据，每列作为一个变量，每行则是一个观测。其中，各列的数据可以是不同的数据类型。为了便于理解，可将数据框看成矩阵的扩展，或者是特殊形式的列表，用 data.frame( )函数定义。需要注意的是，数据框中若出现向量，则向量结构必须一致，字符向量会被强制转换成因子；若出现矩阵，那么，矩阵必须具有一样的行数。

2）数据的读入与写出

R 语言有多种数据读入的方式，方式灵活多样，用户既可直接输入数据，也可读取自带的 R 语言包数据，还可从不同类型的外部文件中读入数据，满足不同用户的不同需求。

（1）直接输入数据

①c( )函数

c( )函数可以将各个值（值可以是不同数据类型）连接成一个向量或者列表，使用简便。

②scan( )函数

scan( )函数的功能实际上是让用户从键盘输入数据。输入该函数后，按"Enter"键即可输入数据，数据之间用空格分开，输入完成后再按回车键即可。

（2）读取 R 语言包中的数据

R 语言的 datasets 程序包中有超过 50 个自带的数据集可供我们平时学习使用。可利用 data 函数来查看数据集列表，也可指定加载特定的数据集。

此外，R 语言中其他的软件包中也有大量数据集，利用 data 函数和参数 package 来读取。

（3）从外部文件读入数据

大数据分析的数据通常是从外部文件读入的。R 语言可从多种类型的文件中读取数据，包括文本文件、Excel 格式数据、数据库数据、网页数据及其他统计分析软件的数据。这里主要介绍常用格式的数据读取方式。

①文本文件

命令：

read.table(file, header = FALSE, sep = "", quote = "\"", dec = ".", row.names, col.names)

例如，读入文件名为"data"的 txt 文件，可输入命令：

read.table("data.txt", header=T)

以上只列出了该指令中常用的参数，表 5-6 中对参数进行了详细的解释，其他参数一般为默认值即可，完整命令格式可以查看 R 手册。

表 5-6　read.table( )参数解释

参数名	含　义
file	数据所在文件名，若文件保存在当前工作目录下，则只输入文件名；若不是，则还应输入文件路径
header	取值为逻辑值，默认为 FALSE，TRUE 表示文件的第一行包含变量名
sep	文件中字段的分隔符，默认分隔符为空格
quote	设置如何引用字符型变量，默认字符串可以被引号"或'括起，若没有设定，引号前面加\，即 quote = "\"
dec	设置用来表示小数点的字符
row.rows	向量的行名，默认 1, 2, 3, …
col.names	向量的列名，默认为 V1, V2, V3, …

②读入 Excel 格式数据

对于 Excel 格式数据表的导入主要有两种方式：一是从剪贴板中读取数据，二是将其转换为 CSV 格式文件再导入 R 语言。

第一种方式通过剪贴板读入，则首先打开需要读入的 Excel 表格，选中需要的数据后进行复制，则这些数据已被放入剪贴板，再在 R 语言中输入命令 data.excel = read.delim("clipboard")。

由于剪贴板在导入大量数据时不太简便，因此，可利用第二种方式：将 Excel 文件转存为 csv 文件，再通过函数读入。函数格式为 read.csv(file = "file.name", header = TRUE, sep = ",", …)，与 read.table( )类似。

此外，还有如 SPSS、SAS、网页表格数据等多种格式的文件，也可通过 R 语言读入，读者可自行探索。

（4）数据的写出

在 R 语言中将数据输出存储使用函数 write( )，其调用格式如下：

write(x,file = " data",ncolumns = if(is.character(x)) 1 else 5,append = FALSE,sep = " ")

其中,x 表示数据,file 是文件名,默认文件名为"data",ncolumns 表示从第几列开始输入数据,append 为 TRUE 时表示在原文件中续写,继续添加数据,默认值为 FALSE,表示写入一个新文件,sep 代表分隔符。

此外,还可使用函数 write.table( )和 write.csv( )写出纯文本格式文件或 CSV 格式的 Excel 文件。调用格式参见前面所述相应的 read.table( )和 read.csv( )函数。

3) 数据清理

大数据分析中,原始数据难免会存在不完整的情况,出现缺失值和噪声数据等,会对后续的数据挖掘效果会产生极大的影响。因此,数据清理已然成为数据挖掘研究中一个重要的任务。

(1) 缺失值处理

通常数据中都会存在由于录入错误、数据缺失等原因而出现的缺失值,这在大数据环境中更是经常可见的。但是,缺失值时常会引起后续数据挖掘工作的不便,导致分析出现偏差。因此,在数据预处理过程中,需要对缺失值进行识别和处理。

① 缺失值的识别

在 R 语言中,缺失值以 NA 表示。可使用函数 is.na( )用于判断向量、字符串等多种对象是否存在缺失值;利用函数 complete.cases( )来判断矩阵或者数据框中的行是否存在缺失值。同时,可利用 VIM 程序包中的 sum( )等统计函数来获取相关缺失值的信息。

② 缺失值处理

识别出缺失值后,就应对缺失值进行处理。对缺失值的处理主要有以下两种方式:删除法和插补法。删除法操作简便,但在删除之前需要考虑该操作是否对数据结构和最终结果均不会产生影响。插补法有多种方式:均值插补、回归插补、二阶插补、热平台、冷平台及抽样填补等单变量插补法,以及多重插补等多变量插补法。下面着重介绍均值插补,其他方法可查阅相关资料进行尝试。均值插补法中,若缺失值为数值型,则根据其他变量取平均值来进行填补;若缺失值为非数值型,则取众数,即使用该变量在其他所有对象中取值次数最多的值来填补。需要注意的是,使用均值插补法,缺失值必须是完全随机缺失的,并且这种方法对最终结果会产生有偏估计。建立如图 5-28 所示的 txt 文件,命名为 Grade,再对其进行均值插补。

name	age	grade
Ann	14	99
Bob	14	89
Candy	15	100
Frayed	15	NA
Ella	14	NA
Gold	16	70
Nancy	18	90

图 5-28 Grade.txt 文件

其具体步骤如下:

```
> Grade=read.table("Grade.txt",header = T)
> miss=which(is.na(Grade[,3])==TRUE)    #返回Grade中第三列为缺失值的行
> miss
[1] 4 5
> rep1=Grade[-miss,]                    #将第三列不为NA的值存入rep1中
> rep2=Grade[miss,]                     #将第三列为NA的值存入rep2中
> rep2[,3]=mean(rep1[,3])               #用非NA的均值替代NA
> rep2
    name age grade
4 Frayed  15  89.6
5   Ella  14  89.6
```

同理,还可用中位数、四分位数等统计量进行插补。此外,多重插补可用来处理复杂的缺失值问题,R 语言中使用 mice 包来进行操作,具体操作感兴趣的同学可查阅相关资料。

（2）噪声数据处理

噪声数据是指有随机错误或偏差的数据值,对最终结果会产生很大的影响。

可使用 outliers 包中的 outlier( )函数,寻找数据集中与其他数据的和均值差距最大的值作为异常值,从而找出噪声数据。

4) 数据整理

数据清理完成后,在数据挖掘前还需要进行数据整理工作。下面将主要介绍数据的合并与抽取、数据排序以及数据变换等在 R 语言中的实现。

（1）数据合并与抽取

R 语言中进行数据合并有多种方式,以下主要介绍两种方法:

①cbind( ),rbind( ),merge( )函数

cbind( )和 rbind( )是基本命令,分别按照列和行的方式将对象连接在一起,可在向量、矩阵、数据框和列表上使用。

merge( )是可通过识别两个数据框或列表类型的数据集的相同的列名或行名从而将其合并起来的函数。

②构造数据框

数据框是 R 语言中特有的数据对象,同一个数据框中可包括不同类型的数据。因此,可将结构相似的向量、因子、矩阵、列表或其他数据框等,运用函数 data.frame( )将其合并为一个数据框即可。

数据抽取主要是指从数据集中选取子集。

选取数据集中某特定的行或列,只需将数据集名与行名或列名用"$"连接,中括号中逗号前为行指标,逗号后为列指标,如选取数据集 iris 中的 Spices 列,则输入指令:iris[, iris $ Spices]。选择某几行或某几列,则可使用向量完成,如选取第 3-5 行,则输入指令 iris[c (3,5),]。

（2）数据排序

数据排序,对于只含有向量的数据集可运用函数 sort( )完成;对于复杂的数据集需要使用 order( )函数完成。

（3）数据变换

对数据进行变换有可能存在以下 3 种情况:

①对变量重命名,可使用 names( )函数。

②对变量进行各种运算,从而创建新的变量,可使用 newname = expr 命令,或者直接使用 with(data,expr)函数。

③使用相关函数对变量类型进行转换。

5.4.3　R 语言中的机器学习算法

R 语言在统计分析方面具有强大的优势,因此,在 R 语言中运用机器学习算法对于大数据分析是很有益处的。本节将会介绍几种常见的机器学习算法在 R 语言中的实现。

1)分类算法

（1）C4.5

C4.5 属于决策树算法中的经典算法,本书将重点介绍其在 R 语言中的实现。实现 C4.5 的核心函数是来自 Rweka 软件包的 J48( )函数,其调用格式如下:

J48(formula,data,subset,na.action,control=Weka_control( ),options=NULL)

J48( )中的常用参数见表 5-7。

表 5-7　J48( )函数常用参数

参　数	含　义
formula	设置建立的模型公式,即输入/输出变量
data	设置训练集
subset	选择 data 中的部分数据进行建模
na.action	处理缺省值,默认仅删除缺失 y 值
control	设置树的复杂度

采用 iris 数据集进行 C4.5 算法的实现,需要注意的是 J48( )函数对中文识别还存在一定的问题,因此,最好采用英文对变量命名。

```
> install.packages("partykit")
> install.packages("RWeka")
> library(partykit)
> library(RWeka)
> data(iris)
> ir.tr2<-J48(Species~Petal.Width+Petal.Length,iris)#构建模型函数, 对iris训练集进行C4.5算法构
>                                                    #建决策树,记为ir.tr2
> ir.tr2                                             #输出分类树ir.tr2
J48 pruned tree
------------------

Petal.Width <= 0.6: setosa (50.0)
Petal.Width > 0.6
|   Petal.Width <= 1.7
|   |   Petal.Length <= 4.9: versicolor (48.0/1.0)
|   |   Petal.Length > 4.9
|   |   |   Petal.Width <= 1.5: virginica (3.0)
|   |   |   Petal.Width > 1.5: versicolor (3.0/1.0)
|   Petal.Width > 1.7: virginica (46.0/1.0)

Number of Leaves  :       5

Size of the tree :        9
```

C4.5 算法处理 risis 数据集的结果如图 5-29 所示。该结果显示各节点信息是按照一定顺序和缩进量来显示排列的。每行括号中的第一个数字表示样本数量,第二个数字表示该节点中被错误分类的样本数量。例如,第四行显示样本数为 48,其中有 1 个样本是被错误分类的。

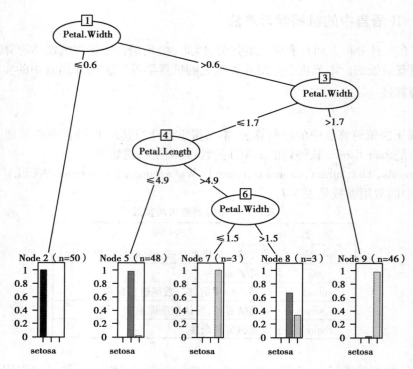

图 5-29　risis **数据集** C4.5 **算法图形结果**

也可利用 summary( )函数显示每个节点的信息,还可通过调整 J48( )函数中 control 参数的值来调整分类树的结构以达到最佳的效果。

(2)朴素贝叶斯

实现朴素贝叶斯算法的核心函数是来自 klaR 软件包的 NaiveBayes( )函数。它有两种调用格式:

①默认情况,当对象不为公式时

NaivaBayes(x,Grouping,prior,usekernel = FALSE,fL = 0,…)

②当对象为公式时

NaivaBayes(formula,data,…,subset,na.action = na.pass)

其中,usekernel 参数用来设置函数计算中密度估计所采用的算法,默认为标准密度估计,取 TRUE 时为核密度估计法;fL 用于设置拉普拉斯修正的参数值,默认为 0,不进行修正,设置 fL 的值可给未出现的特征值赋予一个非 0 的"小"值,以弥补朴素贝叶斯的对稀疏数据过于敏感的问题。下面用 iris 数据集进行朴素贝叶斯判别,选取第一种调用格式,读者可自行尝试第二种格式的应用。在随机抽样中,为了保证训练集与测试集的比例,使训练集占总数的 2/3,测试集为总数的 1/3,从而选择 100 个样本为训练集,50 个样本为测试集。

```
> library(klaR)
> library(base)
> data("iris")
> summary(iris)
  Sepal.Length    Sepal.Width    Petal.Length    Petal.Width          Species
 Min.   :4.300   Min.   :2.000   Min.   :1.000   Min.   :0.100   setosa    :50
 1st Qu.:5.100   1st Qu.:2.800   1st Qu.:1.600   1st Qu.:0.300   versicolor:50
 Median :5.800   Median :3.000   Median :4.350   Median :1.300   virginica :50
 Mean   :5.843   Mean   :3.057   Mean   :3.758   Mean   :1.199
 3rd Qu.:6.400   3rd Qu.:3.300   3rd Qu.:5.100   3rd Qu.:1.800
 Max.   :7.900   Max.   :4.400   Max.   :6.900   Max.   :2.500
> index=sample(1:nrow(iris),100)      #对iris数据集随机抽取100个样本
> iris.trian=iris[index,]             #训练集样本为上述100个样本
> iris.test=iris[-index,]             #测试集样本为剩余的50个样本
> result=NaiveBayes(iris.trian[,-5],iris.trian[,5])
>                    #对数据集建立贝叶斯规则，分别设置属性变量（除去第5个变量）和待判别变量（第5个变量）
> result


$apriori
grouping
    setosa versicolor  virginica
      0.35       0.34       0.31


$tables
$tables$Sepal.Length
               [,1]      [,2]
setosa     4.977143 0.3702827
versicolor 5.958824 0.4432098
virginica  6.554839 0.6602215


$tables$Sepal.Width
               [,1]      [,2]
setosa     3.442857 0.3736038
versicolor 2.758824 0.3294786
virginica  2.954839 0.3374796


$tables$Petal.Length
               [,1]      [,2]
setosa     1.462857 0.1699234
versicolor 4.255882 0.4328840
virginica  5.580645 0.5770149


$tables$Petal.Width
               [,1]      [,2]
setosa     0.2514286 0.1197336
versicolor 1.3176471 0.1914389
virginica  2.0548387 0.2681277
```

```
$levels
[1] "setosa"     "versicolor" "virginica"

$call
NaiveBayes.default(x = iris.trian[, -5], grouping = iris.trian[,
    5])

$x
    Sepal.Length Sepal.Width Petal.Length Petal.Width
43           4.4         3.2          1.3         0.2
127          6.2         2.8          4.8         1.8
13           4.8         3.0          1.4         0.1
131          7.4         2.8          6.1         1.9
69           6.2         2.2          4.5         1.5
16           5.7         4.4          1.5         0.4
48           4.6         3.2          1.4         0.2
120          6.0         2.2          5.0         1.5
40           5.1         3.4          1.5         0.2
83           5.8         2.7          3.9         1.2

$usekernel
[1] FALSE

$varnames
[1] "Sepal.Length" "Sepal.Width"  "Petal.Length" "Petal.Width"

attr(,"class")
[1] "NaiveBayes"
```

上述显示了部分数据结果,其中,$class 显示了各个样本的预测类别,$posterior 显示了各样本对应各预测类别的后验概率,样本会被划分到后验概率最高的类别。

为了检验该模型的效果,可使用混淆矩阵或者计算错误率进行评价。首先,运用混淆矩阵进行判断。

```
> pre=predict(result,iris.test)     #预测测试集待判别变量取值
> pre                               #显示预测结果
$class
          1          5         11         15         21         25         27         35         36         41
     setosa     setosa     setosa     setosa     setosa     setosa     setosa     setosa     setosa     setosa
         42         46         47         49         50         51         53         58         60         62
     setosa     setosa     setosa     setosa     setosa versicolor  virginica versicolor versicolor versicolor
         66         74         78         79         82         84         85         89         90         93
 versicolor versicolor  virginica versicolor versicolor versicolor versicolor versicolor versicolor versicolor
         94        106        109        117        122        126        128        132        134        135
 versicolor  virginica  virginica  virginica  virginica  virginica  virginica  virginica versicolor  virginica
        136        138        139        141        142        144        146        147        148        149
  virginica  virginica  virginica  virginica  virginica  virginica  virginica  virginica  virginica  virginica
Levels: setosa versicolor virginica

$posterior
       setosa    versicolor    virginica
1  1.000000e+00 4.852985e-20 3.518365e-25
5  1.000000e+00 1.509442e-20 1.512590e-25
11 1.000000e+00 2.958864e-19 2.093463e-24
15 1.000000e+00 1.370452e-20 5.015195e-25
21 1.000000e+00 9.210764e-17 2.252780e-22
25 1.000000e+00 5.547594e-16 1.778340e-21
27 1.000000e+00 6.785450e-16 1.414664e-21

> table(iris.test$Species,pre$class)   #生成Species的真实值和预测值的混淆矩阵
```

	setosa	versicolor	virginica
setosa	15	0	0
versicolor	0	14	2
virginica	0	1	18

结果显示的矩阵的主对角线为各类正确判断的样本数,可以初步看出该朴素贝叶斯的判别的效果还是比较理想的。还可多做几次测试来进一步判断其判别效果。若想更直观地观察到判别的效果,可通过计算错误率来达到。

```
> error=sum(as.numeric(as.numeric(pre$class)!=as.numeric(iris.test$Species)))/nrow(iris.test) #计算预测错误率
> error
[1] 0.06
```

以上显示了一次计算结果,还进行了两次判别测试,错误率分别为 0.1 和 0.07,3 次测验平均错误率为 0.77。综合来看,R 语言中进行朴素贝叶斯的判别效果是比较理想的。

2) 聚类算法

聚类算法的种类繁多,本书主要介绍 K 均值算法在 R 语言中的实现,其他的聚类方法读者可自己探索。

K 均值聚类在 R 语言中的实现的核心函数为来自 stats 软件包的 kmeans( ) 函数。其调用格式如下:

kmeans(x , centers , iter.max = 10 , nstart = 1 , algorithm = c("Hartigan-Wong" , "Lloyd" , "Forgy" , "MacQueen") , trace = FALSE)

Kmeans( ) 函数的常用参数见表 5-8。

表 5-8   kmeans( ) 函数常用参数

参　数	含　义
x	需要进行聚类分析的数据集
centers	设置的类别数 k 的取值
iter.max	设置迭代次数的最大值,默认为 10
nstart	选择随机起始中心点的次数,默认为 1
algorithm	选择算法种类,默认为 Hartigan-Wong
trace	逻辑值或整数。为 TRUE 或正数时会显示迭代过程信息,数值越大显示的信息越多

通过下面的实例将具体阐述 kmeans( ) 函数的使用方法。利用数据集 USAarrests 进行 K 均值聚类,初步将样本聚为 5 类。具体步骤如下:

```
> library(stats)
> data("USArrests")                        #加载数据集USArrests
> dim(USArrests)                           #显示数据集的维度
[1] 50  4
> head(USArrests)                          #显示数据集前面的部分数据
           Murder Assault UrbanPop Rape
Alabama      13.2     236       58 21.2
Alaska       10.0     263       48 44.5
Arizona       8.1     294       80 31.0
Arkansas      8.8     190       50 19.5
California    9.0     276       91 40.6
Colorado      7.9     204       78 38.7

> a1=kmeans(USArrests,center=5)            #使用k-means聚类对数据集进行聚类
> print(a1)                                #显示聚类结果
K-means clustering with 5 clusters of sizes 10, 10, 14, 12, 4

Cluster means:
     Murder   Assault UrbanPop     Rape
1  5.590000  112.4000 65.60000 17.27000
2  2.950000   62.7000 53.90000 11.51000
3  8.214286  173.2857 70.64286 22.84286
4 11.766667  257.9167 68.41667 28.93333
5 11.950000  316.5000 68.00000 26.70000

Clustering vector:
     Alabama        Alaska       Arizona      Arkansas    California      Colorado   Connecticut
           4             5             3             4             4             3             1
    Delaware       Florida       Georgia        Hawaii         Idaho      Illinois       Indiana
           4             5             3             2             1             4             1
        Iowa        Kansas      Kentucky     Louisiana         Maine      Maryland Massachusetts
           2             1             1             4             2             5             3
    Michigan     Minnesota   Mississippi      Missouri       Montana      Nebraska        Nevada
           4             2             4             3             1             1             4
New Hampshire    New Jersey    New Mexico      New York North Carolina North Dakota          Ohio
           4             3             4             4             5             2             1
    Oklahoma        Oregon  Pennsylvania  Rhode Island South Carolina  South Dakota     Tennessee
           3             3             1             3             4             2             3
       Texas          Utah       Vermont      Virginia    Washington West Virginia     Wisconsin
           3             1             2             3             3             2             2
     Wyoming
           3

Within cluster sum of squares by cluster:
[1] 1480.210 4547.914 9136.643 6705.907 2546.350
 (between_SS / total_SS =  93.1 %)

Available components:

[1] "cluster"      "centers"      "totss"        "withinss"     "tot.withinss" "betweenss"    "size"
[8] "iter"         "ifault"
```

聚类结果显示,聚类结果的 5 类中样本数分别为 6,16,10,7,11,cluster means 显示了 5 类中各类的中心点坐标;clustering vector 显示了数据集中每列分属于哪个大类,如 Alabama 属于第二大类;然后"within cluster sum of squares by cluster"显示了每个类别的组内平方和,可看出该例中第一类值最小,即代表组内差异性最小,该部分中的 between_SS/total_SS 标出了组间平方和占总平方和的 90.7%,该值越大表明聚类结果越好,可通过比较该值来判断最佳聚类的类别数;"Available components"用来提示用户运用何种参数来获取聚类的各项输出成果,如该例中的调用格式为 a1 $ cluster 等。

3)关联分析

Apriori 作为关联分析中的经典算法,在大数据分析中主要用于分析数据之间的关联性。在 R 语言中实现 Apriori 算法的核心函数是来自 arules 软件包的 apriori( )函数。其调用格式

如下：

　　apriori(data, parameter = NULL, appearance = NULL, control = NULL)

其中，data 表示需要进行分析的数据集；parameter 中可对支持度、置信度、每个项集中所含项数的最大值/最小值和输出结果等参数进行设置；appearance 可设置先决条件和关联结果中包含的项；control 用来控制函数性能，如排序方式等。

```
> install.packages("arules")

> install.packages("Matrix")

> library(arules)
> data("Groceries")  #加载数据
> inspect(Groceries[1:5])#查看前五条数据
  items
1 {citrus fruit,semi-finished bread,margarine,ready soups}
2 {tropical fruit,yogurt,coffee}
3 {whole milk}
4 {pip fruit,yogurt,cream cheese ,meat spreads}
5 {other vegetables,whole milk,condensed milk,long life bakery product}
> rules1=apriori(Groceries,parameter = list(support=0.005,confidence=0.5))#生成关联规则rules1,支持度为0.005,置信度为0.5
Apriori

Parameter specification:
 confidence minval smax arem  aval originalSupport support minlen maxlen target   ext
        0.5    0.1    1 none FALSE          TRUE    0.005      1     10  rules FALSE

Algorithmic control:
 filter tree heap memopt load sort verbose
    0.1 TRUE TRUE  FALSE TRUE    2    TRUE

Absolute minimum support count: 49

set item appearances ...[0 item(s)] done [0.00s].
set transactions ...[169 item(s), 9835 transaction(s)] done [0.00s].
sorting and recoding items ... [120 item(s)] done [0.00s].
creating transaction tree ... done [0.00s].
checking subsets of size 1 2 3 4 done [0.00s].
writing ... [120 rule(s)] done [0.00s].
creating S4 object  ... done [0.00s].

> rules1                                       #显示rules1中生成关联规则条数
set of 120 rules
> inspect(rules1[1:5])                          #显示rules1中前5条规则
  lhs                              rhs                  support     confidence lift
1 {baking powder}               => {whole milk}       0.009252669 0.5229885  2.046793
2 {other vegetables,oil}        => {whole milk}       0.005083884 0.5102041  1.996760
3 {root vegetables,onions}      => {other vegetables} 0.005693950 0.6021505  3.112008
4 {onions,whole milk}           => {other vegetables} 0.006609049 0.5462185  2.822942
5 {other vegetables,hygiene articles} => {whole milk} 0.005185562 0.5425532  2.123363
```

　　上述运行结果中，"parameter specification"显示了支持度、置信度等参数的详细信息，"algorithmic control"记录了相关参数的算法控制，最后一部分是关于 apriori 算法的基本信息和执行细节信息。

　　rules1 部分的运行结果显示了该规则中关联规则的条数为 120 条。后续还可通过调整参数值的大小来生成符合各种要求的关联规则。inspect 命令显示了排列前 5 的规则的详细内容，但这些排序与支持度、置信度和提升度的值的大小并没有联系。这样的排列对于详细了解相关信息产生了阻碍，因此可运用 sort( )函数，将结果按照某种参数值的大小进行排序。例如，下面展示了按照支持度排序的执行步骤，另外还可根据置信度或者提升度进行排序。

```
> rules2=sort(rules1,by="support")                                    #将rules1中的结果按支持度排序
> inspect(rules2[1:5])                                                 #显示rules2中前5条规则
   lhs                                      rhs             support    confidence lift
99 {other vegetables,yogurt}            => {whole milk} 0.02226741 0.5128806 2.007235
94 {tropical fruit,yogurt}              => {whole milk} 0.01514997 0.5173611 2.024770
77 {other vegetables,whipped/sour cream} => {whole milk} 0.01464159 0.5070423 1.984385
96 {root vegetables,yogurt}             => {whole milk} 0.01453991 0.5629921 2.203354
82 {pip fruit,other vegetables}         => {whole milk} 0.01352313 0.5175097 2.025351
```

关联规则中一个经典案例是啤酒与尿布的相邻摆放,正因为这两种商品具有强联系。现实生活中,商家时常会进行某种商品的促销,将该商品与其他商品一起捆绑销售。上图显示中"whole milk"与多种商品都有关联,在进行促销等活动时不便于操作。下例中展示了单独一种与"whole milk"有关联的商品,结果显示为"baking powder"。

```
> rules3=apriori(Groceries,parameter = list(maxlen=2,support=0.005,confidence=0.5),appearance = list(rhs="whole milk
",default="lhs"))   #生成关联规则rules3,其关联结果中仅包含"whole milk"及另一种商品
Apriori

Parameter specification:
 confidence minval smax arem  aval originalSupport support minlen maxlen target    ext
        0.5    0.1    1 none FALSE            TRUE   0.005      1      2  rules FALSE

Algorithmic control:
 filter tree heap memopt load sort verbose
    0.1 TRUE TRUE  FALSE TRUE    2    TRUE

Absolute minimum support count: 49

set item appearances ...[1 item(s)] done [0.00s].
set transactions ...[169 item(s), 9835 transaction(s)] done [0.00s].
sorting and recoding items ... [120 item(s)] done [0.00s].
creating transaction tree ... done [0.00s].
checking subsets of size 1 2 done [0.00s].
writing ... [1 rule(s)] done [0.00s].
creating S4 object ... done [0.00s].
> inspect(rules3)                                        #显示rules3中的规则
  lhs              rhs             support    confidence lift
1 {baking powder} => {whole milk} 0.009252669 0.5229885 2.046793
```

【本章小结】

大数据挖掘作为一个新兴的多学科交叉应用领域,正在各行各业的决策支持活动中扮演着越来越重要的角色。机器学习作为大数据挖掘的主要技术来源,在大数据挖掘过程中起着关键的作用。机器学习算法按照学习方式不同,可分为监督学习、无监督学习、半监督学习及强化学习,按照算法的相似性,可分为分类、聚类、回归分析及关联规则等多种算法。不同的算法适用于不同的应用场景,在使用时应加以区分。

Mahout 是 Hadoop 生态系统中的数据挖掘组件,本章中对 Mahout 的概念和基本功能进行概括,重点介绍利用 Mahout 实现个性化推荐、分类以及聚类的方法和原理。同样,Weka 汇集的最前沿的机器学习算法和数据处理工具也能快速、灵活地将已有的处理方法应用于各类数据集中。R 语言目前在数据分析和挖掘领域受到大量关注源于其是一款强大的数学统计功能、多样的软件包的免费开源工具,可利用 R 语言进行数据预处理后,再用以实现多种机器学习算法。除以上所述基础算法外,还包括随机森林、支持向量机和神经网络等高级

算法,有待读者进一步探究。

【关键术语】

机器学习　　Mahout　　Weka　　R 语言

【复习思考题】

1.简述机器学习的基本过程。

2.简述 Mahout 中 Canopy 算法用于文本分类的原理。

3.简述 Weka 数据集里的数据属性。

4.简述 R 语言的功能与优势。

5.在 Weka 的数据预处理过程中,选择 weather.nominal 数据集,试运用 weka.unsupervised.instance.RemoveWithValues 过滤器去除属性 humidity 下属性值为 high 的全部实例。

6.运用 R 语言中的某一数据集实现一种决策树算法。

第6章
大数据可视化

📖 **【本章学习目标与要求】**

- 掌握 Tableau 的基本功能和图表类型。
- 掌握 EChart 基本结构和关键技术。
- 结合实例掌握 Tableau 和 EChart 等大数据分析的可视化方法。

大数据可视化是进行大数据分析的重要环节,目的是将大数据分析结果全面、直观、准确地展示出来。大数据可视化已成为企业核心竞争力的一部分,无论是将杂乱无章的数据转化成清晰可见的视图,还是将没有价值的信息蜕变成支持决策的有用信息,企业都逐步关注到了数据可视化的重要性。大数据可视化分析的实用工具有很多。其中,Tableau 功能强大、响应迅速,提供了地图、文字云、仪表板等多种非常实用的功能,方便数据可视化入门者学习;EChart 需要熟悉异步模块加载机制和 Zrender 等相关关键技术、属性代码并学习编程技巧,对 JavaScript 比较熟悉的学者还可以开发自己喜欢的框架。本章将结合实例重点对这两个大数据可视化工具进行介绍。

6.1 Tableau

Tableau 将大数据分析中的数据运算和图表展示结合在一起,它不需要读者编写代码,而是给读者提供一个控制台,让使用者得到数据分析结果之后,将可视化图表展示到控制台中。在 Tableau 中,用户既可操作数据运算,还可调节图表形式,具有很好的动态性和灵活性。本节将介绍 Tableau 软件的基础知识、基本功能、使用和实例3个部分。

6.1.1 Tableau 概述

Tableau 起源于一个美国国防部的项目,此项目要求提高人们分析信息的能力。致力于研究可视化技术的斯坦福大学博士 Chris Stolte 和 Pixar 动漫公司创始人 Pat Hanrahan 接收任务后,迅速发展了这一项目。两人和 Christian Chabot 在 2004 年共同创建了 Tableau。

Tableau 支持 Tableau Desktop, Tableau Online, Tableau Server, Tableau Mobile, Tableau

Public, Tableau Reader 等多种功能,使用者可以利用分析、筛选、交互、共享等方面的功能,使大数据可视化更加丰富、生动。例如,通过仪表板发送数据和分析结果,高管和一线员工就可实时查看到相同的数据。

Tableau Desktop 能将数据图片转化为数据库查询模式,从而利用数据推动决策;可将多个视图整合在交互式仪表板中,并突出显示和筛选数据以展现数据间的关系。除此以外,还可将具体见解串连成一个叙事线索,讲述数据背后的原因。

Tableau Online 是 Tableau Server 的软件,即服务托管版本。当制图者使用 Tableau Desktop 发布仪表板之后,可使用 Tableau Online 与同事、合作伙伴或客户共享数据。为了保障客户的数据安全,只有经过授权的用户才能在 Tableau Online 上使用数据和仪表板。

Tableau Server 是 Tableau 公司提供给任何客户使用的、基于浏览器和移动设备的分析工具。在利用 Tableau Desktop 发布仪表板之后,安装上 Tableau Server 就可在全公司共享数据,减少了工作阻碍,提高工作效率。

Tableau Mobile 是可在移动终端进行可视化分析的工具。它可提供最快捷、最轻松的数据处理途径,从而使解决问题的过程更为简便。

Tableau Public 具备支持用户在 Web 上讲述交互式数据故事的功能。作为服务交付端,它可随时启动并运行数据。可利用 Tableau Public 连接数据、创建交互式数据可视化内容,并将可视化结果直接发布到自己的网站上去。通过发现的数据内在含义来引导读者,通过数据与读者互动,发掘新的见解。这一功能使数据交互传播的范围更广,使得更多的人发现数据中蕴含的知识和规律。

Tableau Reader 是 Tableau 提供的一款免费的桌面应用程序,可用来与 Tableau Desktop 中生成的可视化数据进行交互,读者可利用 Tableau Reader 进行数据筛选、向下钻取和查看数据明细。

从 Tableau 官网中下载"Tableau desktop"安装包,填写"注册表"即可免费试用 14 天。由于 Tableau 是一款商业智能软件,长期使用需要交付一定的费用。

6.1.2 Tableau 基本功能

Tableau 的基本功能包括数据预处理、函数以及可视化图表等。

Tableau 提供的数据预处理功能是指对数据分析结果进行必要的处理,以便后续的可视化分析。这一部分包括排序、分层、分组 3 种功能。其中,排序处理指的是将数据以升序、降序、直接拖动、按字母列表、手动设置等方式排列,以查看数据数值范围以及是否存在异常值;分层处理是指根据字段之间的层次关系(时间、地点、类型等)创建分层结构,从而可向下钻取查看详细数据,或者向上钻取获得整体数据。而分组处理是指将具有同一特征的数据字段归入一组,获得一个数据集以便可以分析整体数据集。

在对数据进行预处理之后,Tableau 提供了一系列函数进行进一步处理。函数功能有聚合函数、时间函数等。其中,聚合函数包括 SUM 函数、COUNT 函数,分别用于计算字段总和或者数量;时间函数包括 DATEDIFF, DATEADD, DAY, DATENAME 等类型,在大数据分析可视化进程中,根据实际需要选择合适的函数帮助运算。

Tableau 的主要功能就是提供各种各样的图表将数据直观明了地展现出来,图表包含条形图、饼图、线图、复合图、散点图、气泡图、地图、文字云、仪表板等。除此之外,快速表计算功能是 Tableau 的一个特色功能,当分析人员需要快速使用某个数据时再逐个构造函数会很烦琐,这时即可采用新建字段的形式将读者需要快速提取的数据提前展示出来。

6.1.3　Tableau 使用与实例

本小节结合一个应用实例,介绍 Tableau 使用的基本步骤。这里使用 Tableau 数据源中现有的某连锁超市美国各州销售情况数据集,运用 Tableau 的图表功能对其进行一系列的可视化分析。

1) 条形图

条形图是统计分析常用的图表之一。通过建立条形图可清楚地认识各数据值的大小,尤其在需要比较各类比中的数据时,条形图最为适合。例如,想要分析此超市在各类产品的销售额,可选中"Category"拖入行中,选中"Profit"拖入列中,如图 6-1 所示。可以清楚地看到三类产品中销售额的大小。此时,如果想要了解在各个区域中哪类产品销售额最大,只要把"Region"字段拖入行中即可,如图 6-2 所示。

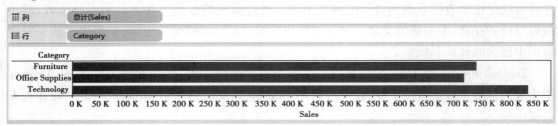

图 6-1　各类产品销售额条形图

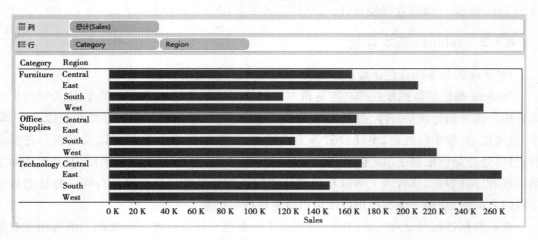

图 6-2　各地区各类产品销售额条形图

此外,Tableau 还提供了堆叠条与并排条。如果想要得到这两种条形图,只要在"智能显示"中选择即可。

2) 饼图

饼图也是大数据可视化最常用的一种图表。它可显示出各部分所占的比例。在 Tableau 中选择"Category"拖至"颜色"标记框中,选择"Profit"拖至"大小"标记框中,选择"智能显示"中的"饼图"标志,饼图中颜色标记产品类型,大小标记利润多少。如发现图表没有标签,则选择"Category"拖至"标签"标记框中,选择"Profit"拖至"标签"标记框中,如图 6-3 所示,即得到各产品类别的利润比例。

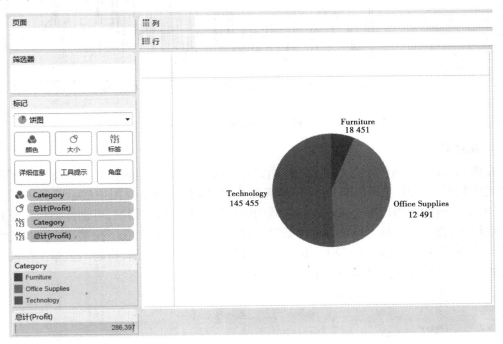

图 6-3　各类产品销售额饼图

需要注意的是,在制作饼图的过程中,分类个数不能太多,一般以 4 个为宜。

3) 线图

线图可对随着时间变化的变量做出其发展趋势,也可做出其他类型的数据,这时线的上下波动没有显著意义。在 Tableau 中,选择"Order Date"字段的"⊞"向下钻取到周,将"Sales"拖入行中,选择"智能图表"中的线图显示,则得到图 6-4 中销售额随着周数的变化而改变。

需要注意的是:在选取时间节点上,如果选择以年为单位,线条的变化不够显著,如果时间节点过于详细,将会使得数据波动太大,图形不够清晰。因此,在选取时间节点的过程中,应选取合适波动清晰明了的图形。

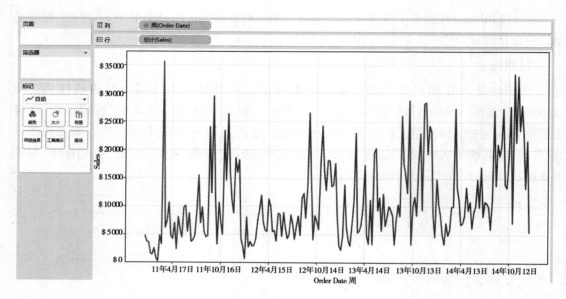

图 6-4　销售额线图

4)复合图

在前几节的内容中,分别介绍了条形图、饼图、线图,但是有时候使用单一的图表不能很好地展示数据。这时,复合图就可很好地满足要求,即在同一张视图中展示几种不同的图形。例如,分析此连锁超市近年来在各区域的销售额与所获利润情况,可选择销售额下拉菜单中的线图;选择利润额下拉菜单中的条形图;单击"Order Date",在下拉菜单中选择连续的"月"。右键时间轴,选择"编辑轴",在弹出的菜单中编辑时间范围,将超出数据单位的时间段去掉,即可得到复合图,如图 6-5 所示。

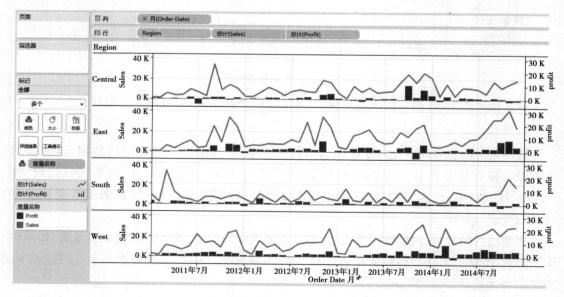

图 6-5　复合图

通过观察图形,可以发现中东部的销售情况十分可观,是该公司的主要销售区域;而中部和南部两个区域的销售额和利润都比较低,尤其需要分析利润低的原因。

5)散点图

散点图通常用于分析两个字段之间是否存在依存关系。例如,利用散点图可分析货物运输速度与销售量之间的关系。又如,选择销售量和运输速度字段,并双选"Customer Name"字段,如图 6-6 所示。

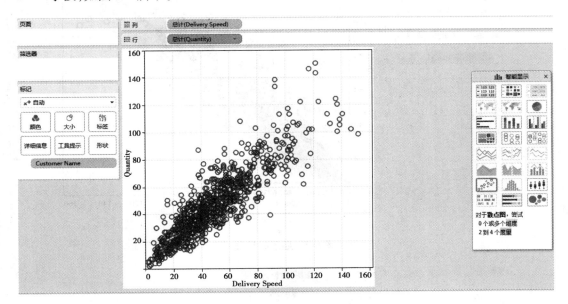

图 6-6　运输速度与销量散点图

通过观察图形,可以发现运输速度和销售量之间存在明显的线性关系,各点之间排列较为紧密,但是在右上角出现一些异常点。

接下来,为了验证两个字段之间是否存在线性关系,需要在散点图上添加趋势线。在视图区选择"趋势线"→"显示趋势线",如图 6-7 所示。鼠标悬浮在趋势线上,则可看到两者之间的线性关系式。

P 值是指相伴概率值,用于描述两个变量之间相互独立出现的概率。P 值越大,则两个变量独立的概率越大;反之亦然。当 P 值大于 0.05 时,则认为两变量相互独立。通过观察 P 值可知,两字段之间线性关系显著。通过选中趋势线,右键单击,选择"描述趋势线"或"描述趋势模型"可查看该线性方程的模型。

有时,有少部分点离趋势线远,并不符合核心趋势,可将这些点看成异常点,并对其进行注释。这里,虽然举例数据的线性关系十分显著,但是在图的右上方还是存在个别异常点,可将异常点标注出来。选中需要注释的点,右键单击"添加注释"→"点",在对话框中输入注释即可,还可对注释文字进行格式设置,如图 6-8 所示。

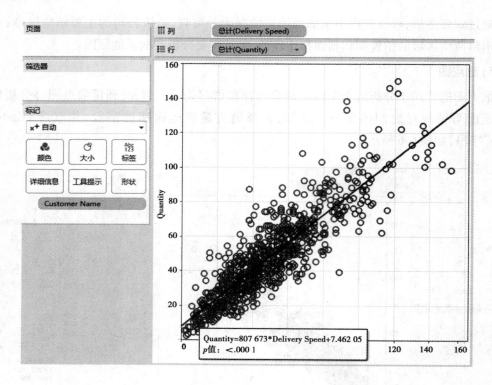

图 6-7　显示趋势线

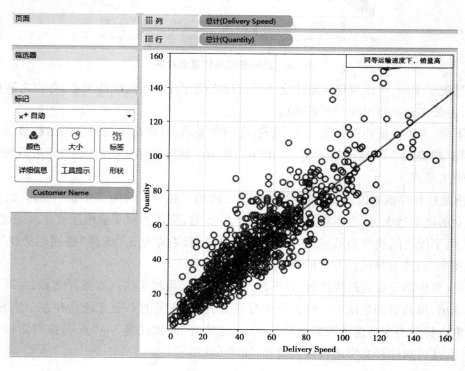

图 6-8　设置注释文字格式

6）气泡图

气泡确切地说是一种图标，多用在散点图或地图中突显数字。散点图在上文中已经做过介绍，不再赘述。Tableau 中还提供了圆视图、并排圆两种类型。选择运输速度和产品子类型两个字段，会自动出来一种气泡图。这里的气泡图能够以圆视图形式展示，如图 6-9 所示。

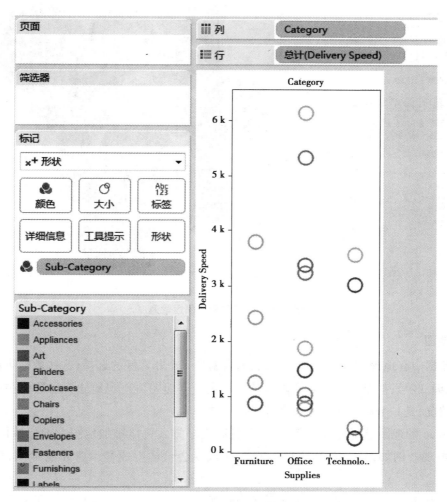

图 6-9　各类别产品运输速度

由图 6-9 可以观察出办公类别的产品运输速度较高，其中"Binders"与"Papers"两类产品运输速度最高。气泡图可使图形界面更加美观，增强了用户体验。

此外，Tableau 还提供了填充气泡图，它与之前的气泡图有一定区别。上文所述气泡图本质上实际是一种图标，展示多个离散的数值，填充泡图可通过气泡大小来显示数值大小，如图 6-10 所示。

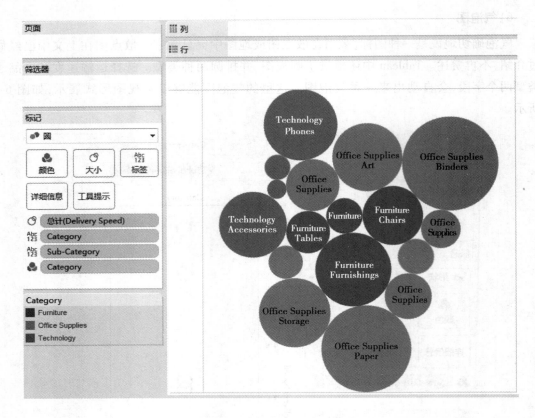

图 6-10　各子类别产品运输速度

7) 地图

当数据中有地理位置时,用地图来展示数据是一个非常好的选择,这些数据可以是省市名称、邮编、区号,甚至是一个公司内部的区域划分。地图可直观地分析出数据在不同地理位置的情况,是一个非常实用的数据可视化工具。

Tableau 的地图绘制是自动完成的,而且有很多方式可以添加地图上的标签信息,使地图更加美观。例如,选择各州字段后视图区域就会自动生成显示各州的地图,如图 6-11 所示。

通过上述方法,可以建立一个显示各个州利润额大小的地图,在地图中可直观地观察各州的销售数据。地图的功能还远不止于此,就像前面说的还可以自己绘制某一地区的区域划分,读者可根据实际需求做出适当选择。

8) 文字云

文字云是一种非常美观的展示图形的方式,这种图形可对网页与文章进行语义分析,找出其中的关键词。文字云的制作十分简单,选择产品类型字段制作即可,如图 6-12 所示。字体越大,说明运输速度越高。在实际生活中,合理利用文字云是展示成果的绝佳方式。

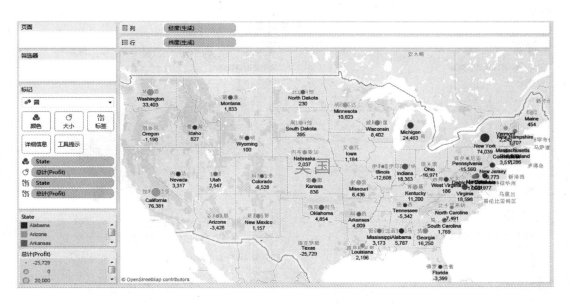

图 6-11　各州销量地图

图 6-12　各子类别运输速度文字云

9）仪表板

Tableau 允许将单张图标放到一个仪表板中,将不同图表聚集到一起制作复合图,以更加动态、全面、交互的方式将数据展现给决策者。如图 6-13 所示,将"复合图-各区域销售情况""地图-美国各州销售情况""散点图-物流速度与销量关系""条形图-各类产品市场表现"4 个工作表添加到仪表板中。

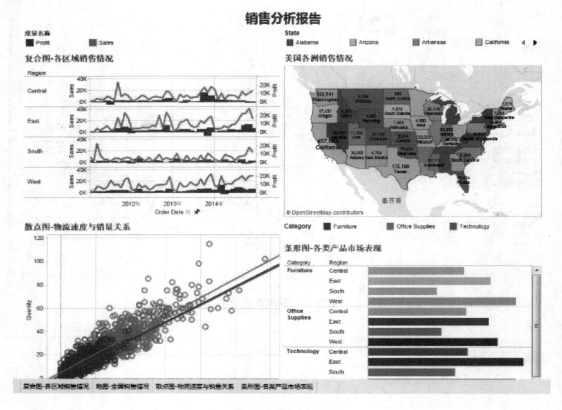

图 6-13　仪表板

在仪表板列表下方的"布局容器",选择"水平"或"垂直"即可在仪表板中添加容器以调整工作表的布局,"文字""图像""网页"可帮助制图者在仪表中添加这些信息。

在仪表板工作区右侧是工作表中用到的筛选器,为了更清楚地向客户或同事展示图表,将筛选器拖至对应的工作表,并将筛选器设置为单行显示。

选择菜单栏"仪表板"→"显示标题",编辑标题为"销售分析报告",如图 6-14 所示即为一个静态的仪表板。

10) 动态仪表板

在调查市场表现或者分析销售情况时,如果想要在地图上选择或滑过某城市某区域时,能得到相应城市或区域的销售情况和各类产品的市场表现。这时,在刚才创建的 Tableau 仪表板里设置系列动作,形成动态仪表板就可完成任务。

首先,单击"仪表板"菜单选择"操作"选项,选择"添加操作",这里有"筛选器"、"突出显示"和"URL"3 个操作。筛选器的作用是在选择源工作表的点时,相关联的目标工作表也只显示这个点所代表的数据;突出显示的作用是选择源工作表的点时,相关联的目标工作表会突出显示这个点所代表的数据;URL 的作用是能够将工作表链接到网页显示数据源等网络资源。

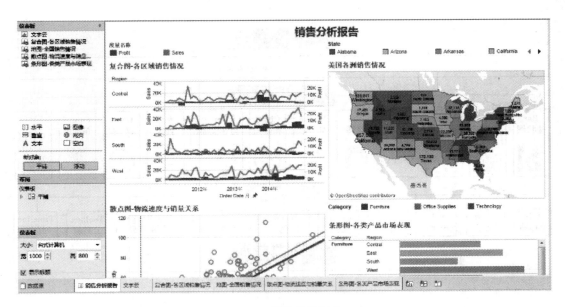

图 6-14　销售分析报告

至此，Tableau 的主要功能都已介绍给读者，这款大数据分析工具帮助读者挖掘出大数据中的更多奥秘，并通过大数据可视化分析发现其中的规律。

6.2　ECharts

本节主要包括 ECharts 的基础知识、关键技术和实例。建议读者熟练掌握 ECharts 的总体框架和组成部分，包括图类、组件、接口、基础库的应用方法，并通过实际的例子熟悉和掌握各个控件。

6.2.1　ECharts 概述

ECharts 来自 Enterprise Charts 的缩写，即商业级数据图表，开源来自百度商业前端数据可视化团队。它是一个纯 Javascript 的图表库，可流畅地运行在 PC 和移动设备上，兼容当前绝大部分浏览器（IE6/7/8/9/10/11，Chrome，Firefox，Safari 等），底层依赖轻量级的 Canvas 类库 ZRender，提供直观、生动、可交互、可高度个性化定制的数据可视化图表。创新的拖曳重计算、数据视图、值域漫游等特性大大增强了用户体验，赋予了用户对数据进行挖掘、整合的能力。ECharts 整体结构如图 6-15 所示。

ECharts 支持折线图（区域图）、柱状图（条状图）、散点图（气泡图）、K 线图、饼图（环形图）、雷达图（填充雷达图）、和弦图、力导向布局图、地图、仪表盘、漏斗图、事件河流图 12 类图表，同时提供标题、详情气泡、图例、值域、数据区域、时间轴、工具箱 7 个可交互组件，支持多图表、组件的联动和混搭展现，如图 6-16、图 6-17 所示。

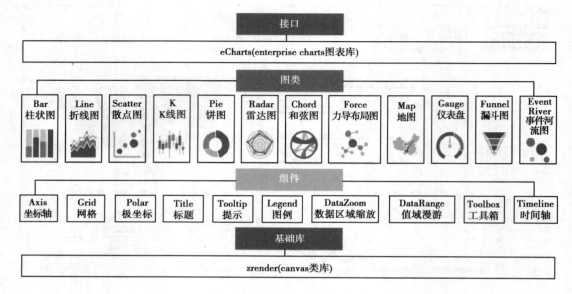

图 6-15　ECharts 整体结构

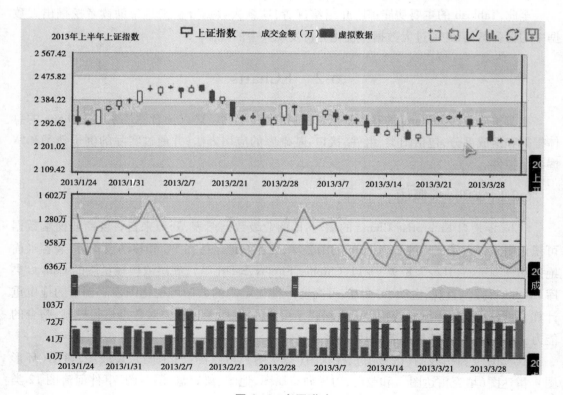

图 6-16　多图联动

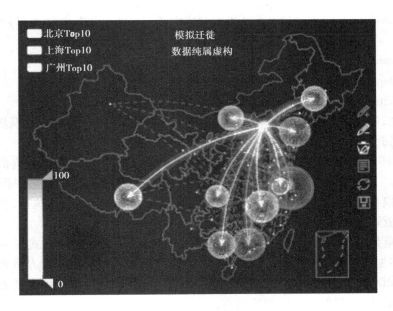

图 6-17　炫光特效

6.2.2　ECharts 关键技术

本节将对 ECharts 的两个关键技术：异步模块加载机制和 Zrender 进行介绍。

1) 异步模块加载机制（AMD）

前端技术虽然在不断发展之中，却一直没有质的飞跃。除了已有的各大著名框架，如 Dojo，JQuery，ExtJs 等，很多公司也都有着自己的前端开发框架。这些框架的使用效率以及开发质量在很大程度上都取决于开发者对其的熟悉程度，以及对 JavaScript 的熟悉程度开发一个自己会用的框架并不难，但开发一个大家都喜欢的框架却很难。从一个框架迁移到一个新的框架，开发者很有可能还会按照原有框架的思维去思考和解决问题。这其中的一个重要原因就是 JavaScript 本身的灵活性：框架没办法绝对地约束你的行为，一件事情总可以用多种途径去实现，所以我们只能在方法学上去引导正确的实施方法。庆幸的是，在这个层面上的软件方法学研究，一直有人在去不断的尝试和改进，CommonJS 就是其中的一个重要组织。他们提出了许多新的 JavaScript 架构方案和标准，希望能为前端开发提供引导，提供统一的指引。

AMD 规范就是其中比较著名一个，全称是 Asynchronous Module Definition，即异步模块加载机制。从它的规范描述页面看，AMD 很短也很简单，但它却完整描述了模块的定义，依赖关系、引用关系以及加载机制。从它被 requireJS，NodeJs，Dojo，JQuery 使用也可看出，它具有很大的价值。没错，JQuery 近期也采用了 AMD 规范。

作为一个规范，只需定义其语法 API，而不关心其实现。AMD 规范简单到只有一个 API，即 define 函数：

define([module-name?],[array-of-dependencies?],[module-factory-or-object]);

其中：

module-name：模块标识，可以省略。

array-of-dependencies：所依赖的模块，可以省略。

module-factory-or-object：模块的实现，或者一个 JavaScript 对象。

从中可知，第一个参数和第二个参数都是可以省略的，第三个参数则是模块的具体实现本身。后面将介绍在不同的应用场景下，使用不同的参数组合。

从这个 define 函数 AMD 中的 A：Asynchronous，不难想到 define 函数具有的另外一个性质，即异步性。当 define 函数执行时，它首先会异步的去调用第二个参数中列出的依赖模块，当所有的模块被载入完成之后，如果第三个参数是一个回调函数则执行，然后告诉系统模块可用，也就通知了依赖于自己的模块自己已经可用。

AMD 规范是 JavaScript 开发的一次重要尝试，它以简单而优雅的方式统一了 JavaScript 的模块定义和加载机制，并迅速得到很多框架的认可和采纳。这对开发人员来说是一个好消息，通过 AMD 可降低学习和使用各种框架的门槛，能够以一种统一的方式去定义和使用模块，提高开发效率，降低了应用维护成本。

2）Zrender

ECharts 底层基于 Zrender。Zrender 是一个轻量级的 Canvas 类库，MVC 封装、数据驱动，提供类 Dom 事件模型。

Zrender 结构如图 6-18 所示。MVC 核心封装实现图形仓库、视图渲染和交互控制。

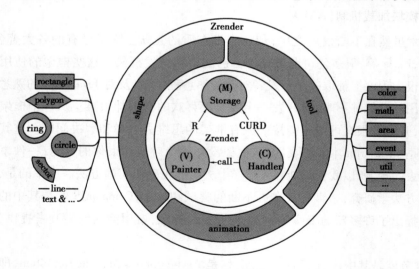

图 6-18　Zrender 结构

①Stroage(M)：shape 数据 CURD 管理。

②Painter(V)：canvase 元素生命周期管理，视图渲染，绘画，更新控制。

③Handler(C)：事件交互处理，实现完整 dom 事件模拟封装。

④shape：图形实体，分而治之的图形策略，可定义扩展。

⑤tool：绘画扩展相关实用方法，工具及脚手架。

Zrender 的特色主要包括以下 7 个方面:

①简单:精简的接口方法,符合 AMD 标准,易学易用。

②数据驱动:利用 Zrender 绘图,只需定义图形数据。

③完整的事件封装:dom 事件模型去操作 Canvas 里的图形元素,不仅可响应 Zrender 全局事件,甚至可为在特定 shape 上添加特定事件。

④高效的分层刷新:与 css 中 Zlevel 的作用一样,可定义把不同的 shape 分别放在不同的层中,这不仅实现了视觉上的上下覆盖,更重要的是当图形元素发生变化后的 refresh 将局限在发生了变化的图形层中,这在利用 Zrender 做各种动画效果时十分有用,性能自然也更加出色。

⑤丰富的图形选项:当前内置多种图形元素(圆形、椭圆、圆环、扇形、矩形、多边形、直线、曲线、心形、水滴、路径、文字及图片等),统一且丰富的图形属性充分满足个性化需求。

⑥强大的动画支持:提供 promise 式的动画接口和常用缓动函数,轻松实现各种动画需求。

⑦易于扩展:分而治之的图形定义策略允许扩展自己独有的图形元素,既可完整实现 3 个接口方法(brush,drift,isCover),也可通过 base 派生后仅实现自己所关心的图形细节。

6.2.3　Echarts 使用与实例

本小节将结合一个应用实例,介绍 ECharts 使用的基本步骤。

1)源码下载

首先,登录官方网站。其次,选择源码下载方式,包括:

①git 方式:单击网页右上角图标从 git 上获取。

②直接单击网站首页下载按钮,选择最新版本下载压缩包,如图 6-19 所示。

图 6-19　ECharts 下载界面

2)ECharts 使用的引入方式

下面开始进入正题:"如何使用 ECharts 制作图表"。这里主要介绍常用的两种引入方式,即模块化单文件引入和标签式单文件引入。这两种引入方式在适用对象、前段加载效率等方面都不同,见表 6-1。

表 6-1　ECharts 两种引入方式对比

引入方式	模块化单文件引入（推荐）	标签式单文件引入
适用对象	适用于使用模块化开发但并没有自己的打包合并环境，或者说不希望在你的项目里引入第三方库的源文件，熟悉模块化开发的开发人员	适用于项目本身并不是基于模块化开发的，或者是基于 CMD 规范 引入基于 AMD 模块化的 ECharts 并不方便的开发人员
前端加载效率	官方推荐的引入方式，可更具需求引入相关的模块	所有模块均被放在同一个文件 echarts-all.js 引入后加载效率较低
引入的方式步骤简要	1.为 ECharts 准备一个具备大小（宽高）的 Dom 2.通过 script 标签引入 ECharts 主文件 3.为模块加载器配置 ECharts 的路径，从当前页面链接到 echarts.js 所在目录，见上述说明 4.动态加载 echarts 及所需图表然后在回调函数中开始使用	直接标签引入 echarts-all.js

（1）方法一：模块化单文件引入（官方推荐）

①新建一个 echarts.html 文件，为 ECharts 准备一个具备大小（宽高）的 Dom。

```
1<!DOCTYPE html>
2<head>
3    <meta charset = "utf-8">
4    <title>ECharts-CCNU</title>
5</head>
6
7<body>
8    <! --为 ECharts 准备一个具备大小（宽高）的 Dom -->
9    <div id = "main" style = "height:400px"></div>
10</body>
```

②新建<script>标签引入模块化单文件 echarts.js。

```
1<!DOCTYPE html>
2<head>
3    <metacharset = "utf-8">
4    <title>ECharts-CCNU</title>
5</head>
6<body>
7    <! --为 ECharts 准备一个具备大小（宽高）的 Dom -->
8    <div id = "main" style = "height:400px"></div>
9    <! -- ECharts 单文件引入 -->
```

```
10      <script src="http://echarts.baidu.com/build/dist/echarts.js"></script>
11</body>
```

③新建<script>标签中为模块加载器配置 ECharts 和所需图表的路径(相对路径为从当前页面链接到 echarts.js)。

```
1<!DOCTYPE html>
2<head>
3      <meta charset="utf-8">
4      <title>ECharts-CCNU</title>
5</head>
6<body>
7      <!--为 ECharts 准备一个具备大小(宽高)的 Dom -->
8      <div id="main" style="height:400px"></div>
9      <!-- ECharts 单文件引入 -->
10     <script src="http://echarts.baidu.com/build/dist/echarts.js"></script>
11     <script type="text/javascript">
12        //路径配置
13        require.config({
14           paths:{
15              echarts:'http://echarts.baidu.com/build/dist'
16           }
17        });
18     </script>
19</body>
```

④<script>标签内动态加载 ECharts 和所需图表,回调函数中可以初始化图表,并驱动图表的生成。

```
1<!DOCTYPE html>
2<head>
3      <meta charset="utf-8">
4      <title>ECharts-孤影' Blog</title>
5</head>
6<body>
7      <!--为 ECharts 准备一个具备大小(宽高)的 Dom -->
8      <div id="main" style="height:400px"></div>
9      <!-- ECharts 单文件引入 -->
10     <script src="http://echarts.baidu.com/build/dist/echarts.js"></script>
11     <script type="text/javascript">
12        //路径配置
```

```
13      require.config({
14          paths:{
15              echarts:'http://echarts.baidu.com/build/dist'
16          }
17      });
18
19      //使用
20      require(
21          [
22            'echarts',
23            'echarts/chart/bar' //使用柱状图就加载 bar 模块,按需加载
24          ],
25          function（ec）{
26            //基于准备好的 dom,初始化 echarts 图表
27            var myChart = ec.init( document.getElementById('main'));
28
29            var option = {
30              tooltip:{
31                show:true
32              },
33              legend:{
34                data:['销量']
35              },
36              xAxis:[
37                {
38                  type:'category',
39                  data:["衬衫","羊毛衫","雪纺衫","裤子","高跟鞋","袜子"]
40                }
41              ],
42              yAxis:[
43                {
44                  type:'value'
45                }
46              ],
47              series:[
48                {
49                  "name":"销量",
```

```
50                    "type" : "bar" ,
51                    "data" : [ 5 , 20 , 40 , 10 , 10 , 20 ]
52                }
53              ]
54          } ;
55
56          // 为 echarts 对象加载数据
57          myChart.setOption( option ) ;
58        }
59      ) ;
60    </ script>
61 </ body>
```

⑤浏览器中打开 ecarts.html,就可以看到效果,如图 6-20 所示。

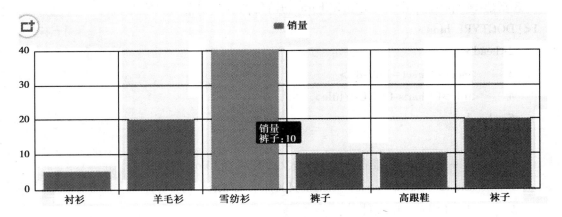

图 6-20　销量效果图

(2)方法二:标签式单文件引入

①新建一个 echarts.html 文件,为 ECharts 准备一个具备大小(宽高)的 Dom。

```
1 <! DOCTYPE html>
2 <head>
3     <meta charset = " utf-8 " >
4     <title>ECharts-CCNU</title>
5 </ head>
6 <body>
7     <! --为 ECharts 准备一个具备大小(宽高)的 Dom-->
8     <div id = " main "  style = " height :400px " ></div>
9 </ body>
```

②新建<script>标签引入 echart-all.js。

```
1<!DOCTYPE html>
2<head>
3      <meta charset="utf-8">
4      <title>ECharts-CCNU</title>
5</head>
6<body>
7<! --为 ECharts 准备一个具备大小(宽高)的 Dom-->
8<div id="main" style="height:400px"></div>
9<! --ECharts 单文件引入-->
10      <script src="http://echarts.baidu.com/build/dist/echarts-all.js"></script>
11</body>
```

③新建<script>,使用全局变量 ECharts 初始化图表并驱动图表的生成。

```
1<!DOCTYPE html>
2<head>
3      <meta charset="utf-8">
4      <title>ECharts-CCNU</title>
5</head>
6<body>
7      <! --为 ECharts 准备一个具备大小(宽高)的 Dom5-->
8      <div id="main" style="height:400px"></div>
9      <! --ECharts 单文件引入-->
10      <script src="http://echarts.baidu.com/build/dist/echarts-all.js"></script>
11      <script type="text/javascript">
12         //基于准备好的 dom,初始化 echarts 图表
13         var myChart=echarts.init(document.getElementById('main'));
14
15      var option={
16        tooltip:{
17           show:true
18        },
19        legend:{
20           data:['销量']
21        },
```

```
22        xAxis:[
23            {
24                type:'category',
25                data:["衬衫","羊毛衫","雪纺衫","裤子","高跟鞋","袜子"]
26            }
27        ],
28        yAxis:[
29            {
30                type:'value'
31            }
32        ],
33        series:[
34            {
35                "name":"销量",
36                "type":"bar",
37                "data":[5,20,40,10,10,20]
38            }
39        ]
40    };
41
42    //为 echarts 对象加载数据
43    myChart.setOption(option);
44  </script>
45</body>
```

④浏览器中打开 echarts.html，可看到其效果，如图 6-21 所示。

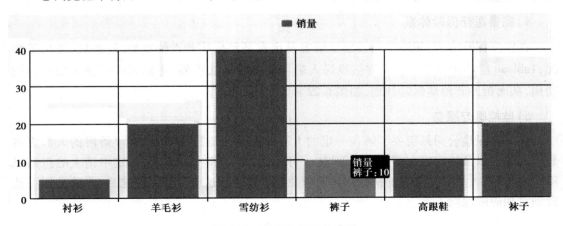

图 6-21　各产品销量效果图

需要注意的是,无论是 Tableau、ECharts,还是其他可视化工具,大数据可视化分析的核心永远在于数据分析,而不在于工具的炫酷和图表的华丽。操作只是解决问题的方法和途径,大数据分析的最终目标是将数据中隐藏的知识、规律挖掘出来,是从基础数据、统计数据中发现问题、解决问题,并利用分析结果辅助决策,这才是大数据可视化的真正价值。

6.3 大数据可视化应用实例

6.3.1 Tableau 在互联网医疗中的应用

Tableau 强大的数据分析能力,为各个领域的大数据分析提供了平台,如互联网医疗。而医院海量的就诊数据为互联网医疗的大数据分析提供了丰富的资源。

1) 合理分配医院资源

通过记录病人的就诊情况、到达时间等数据,Tableau 可分析病人的就诊、复诊时间,并以此来合理分配医护人员、医疗设备等资源。还能根据人口统计学知识,建立急诊科患者的电子档案,并与医院急诊科的应诊能力做出匹配,以提高医院处理应急事务的能力。

2) 提高诊断效率

运用 Tableau 可追踪一个病人从挂号到诊所每个步骤花费的时间,分析出消耗时间不合理的环节,为医院提供相应的建议,改进就诊流程,减少患者等待时间,从而提高医院的服务水平。

3) 统一访问医疗记录

在 Tableau 的帮助下,医疗信息以更强的可视化形式展示出来,医生可很方便地查阅病人的医疗记录等信息。通过对患者医疗进展、以往病历的查阅,医生可更加全面地了解病人的相关信息,提高诊断效率和准确性。

4) 完善医疗保险体系

在医疗保险方面,保险公司需要了解容易患有某种疾病的人的年龄段、地区、性别等情况,Tableau 能够帮助保险公司评估投保人最可能患有什么疾病、患病风险以及需要支付的费用,从而帮助其治病保险计划,如图 6-22 所示。

5) 监控医疗服务

医院和保险公司都需要了解在一定的人群中有什么流行疾病、什么年龄段的人群更容易受到感染以及治疗成本等情况。Tableau 可帮助医疗保险公司评估特定申请人的患病风险,分析申请人最可能患有的疾病以及治疗费用。在得到这些分析结果之后,保险公司可选择制订相应的保险方案。

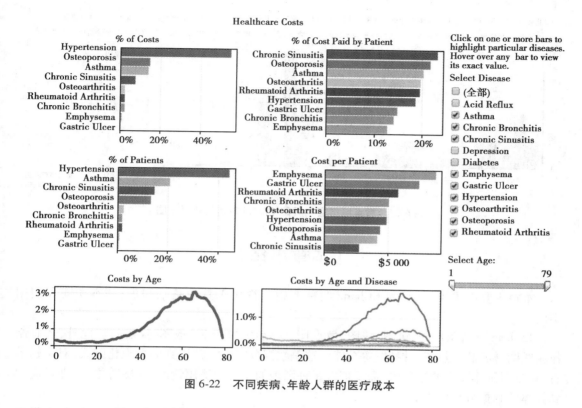

图 6-22　不同疾病、年龄人群的医疗成本

6.3.2　Echarts 在数据新闻中的应用

在新闻报道中,Echarts 能够利用更复杂的数据以更鲜活的方式呈现数据新闻。它允许读者挖掘和分析图表中的数据并且具有一定的交互能力,Echarts 中的 D3 就是做这种交互图表的利器,它是一个基础图形库,有着最多的使用者和无数优秀案例,可作出不受限制的任意图表类型。

正如上文所述,ECharts 有着高度个性化的图表制作能力,新闻报道通过各种图表呈现数据真实的一面,这些图形图像可以帮助读者更好地解读事实同时加深记忆。在实际应用中,基于新闻报道的目标受众及其理解能力,Echarts 中的常规图表就能够满足新闻数据可视化的一般需求,在商业领域通常会应用更加复杂的图表。

在数据新闻中,如果需要显示一个维度的连续数据在另一个维度上的表现,一般采用折线图的形式,例如在房地产价格走势、CPI 变化趋势等。而当目标数据不是连续维度,或者需要表达的是比较型信息,则更适合采用柱状图,如各地区的 GDP、各个省份的进出口贸易额,如图 6-23 所示。

需要注意的是,大数据可视化的目的是为了分析数据,更全面专业地解读数据,而不是为了作图而作图。在数据新闻中,并不是数据越多越好,而是得到期望的结果即可。例如,在数据新闻中会出现"CPI 再创新高""GDP 增长一个百分点""0 的突破",这时即使是一个关键数据也能够具有核心价值。针对同一组数据,新闻报道可展开不同角度的解读,充分发挥 Echarts 在数据新闻中的作用,使新闻本身更具吸引力。

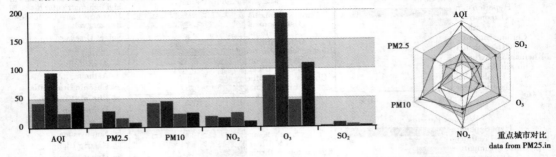

图 6-23　重点城市空气质量、PM2.5等污染物对比图

【本章小结】

本章主要讲述 Tableau 和 ECharts 两种典型可视化工具的基础知识、基本功能和使用实例。

Tableau 支持条形图、饼图、线图、散点图、气泡图、文字云、地图、仪表板。此外，还有制作箱线图、标靶图、热图、甘特图等功能。这是数据分析中经常用到的可视化方式，对于初学者，在学习制作图表的过程中，需要理解每种图表的用法和适用情况，在熟练之后，即可应用到具体的数据分析中去。

ECharts 支持 12 类图表：折线图、柱状图、散点图、k 线图、饼图、雷达图、和炫图、力导向布局图、地图、仪表盘、漏斗图及事件河流图，并包括 7 种基本组件：标题、详情气泡、图例、值域、数据区域、时间轴及工具箱。

【关键术语】

文字云　　　仪表板　　　ECharts　　　Tableau

【复习思考题】

1.安装 Tableau 软件，使用软件提供的数据集"Sample-Superstore"练习上述第一节中提到的 Tableau 图表。

2.运用 Tableau 的瀑布图展示出不同产品利润额的累计情况。

3.运用 Tableau 气泡图展示各子类别产品的运输速度。

4.运用 Tableau 的文字云展示不同产品的运输速度和销量。

5.登录 http://echarts.baidu.com/，阅读实例的相关代码，并模仿相关案例绘制散点图和折线图等。

第 7 章
大规模搜索日志用户行为分析

📖 【本章学习目标与要求】

- 掌握 Hadoop 环境的部署与配置。
- 掌握 Hive 数据库的相关操作。
- 结合实例理解 Hive 数据库数据处理的 MapReduce 流程。

搜索引擎已经成为人们工作生活密不可分的工具。对于谷歌、百度、搜狗等顶级搜索公司,每天都有海量的搜索日志数据产生。独立来看,每条搜索日志都平淡无奇,但是将每个用户、每次查询、每次应答的数据整合在一起,就会成为一个数据繁杂、内含丰富的信息仓库。对这些海量的搜索日志进行分析提取,不仅有助于获取用户的搜索行为,从海量信息中快速、准确地获取用户的需求,而且有助于理解用户与信息化环境的交互模式,优化搜索引擎的用户体验。

通过日志可获得很多有价值的用户相关信息。对于单条日志,不仅可获取到客户端各种的信息,同时也可得到服务器端被访问到的信息。而对于一定时间段里的日志数据集来说,可获得用户的访问偏好、用户的访问路径和资源被请求的频率。本章实验中收集了用户搜索请求的 URL,对日志文件中每条 URL 出现的次数进行统计和排序,通过 Hadoop 平台的 Hive 数据库的分析处理,进而获取了用户查询主题、用户点击与 URL 排名、查询会话分析 3 个用户行为特征。

本章首先是构建了一个面向海量搜索日志的大数据分析处理平台。利用平台对日志数据进行了预处理操作,并将其加载到 Hadoop 框架下分布式文件系统 HDFS 中,以便后续利用 MapReduce 进行映和归约的计算,进一步利用了强大的类 SQL 数据库语言 Hive 来分析用户点击数、用户点击 URL 的排名、直接输入 URL 作为查询词数目、独立用户等搜索行为。

7.1 Linux 环境下进行数据预处理

对数据的预处理大数据分析的基础性工作,本节对实验数据进行了初步的处理,并将其加载至 HDFS 分布式计算框架中。Hadoop 环境的安装部署和 Hive 数据库的安装,参看附录 2

"Linux 系统下配置实验环境"及附录 3"安装部署 Hive"部分内容。

7.1.1　实验数据

本章所采用的日志文件数据集是由约 1 个月的 Sogou 搜索引擎部分网页查询需求及用户点击情况的网页查询日志数据组成。搜狗数据的数据格式为：访问时间\t 用户 ID\t[查询词]\t 该 URL 在返回结果中的排名\t 用户点击的顺序号\t 用户点击的 URL。

具体字段及字段说明见表 7-1。

表 7-1　日志记录格式

字段名称	字段说明
UserID	用户 Cookies
QueryTerm	用户查询词
Rank	URL 在返回结果中排名
SequenceNO	用户点击的顺序号
URL	用户点击 URL

在搜狗日志数据集中，UserID 是根据用户使用浏览器访问搜索引擎时的 Cookie 信息自动赋值，不同查询对应同一个用户 ID。一个查询可由字母、数字以及其他符号构成的字符串组成。Rank 表示某一网页在用户提交查询后返回结果中的排名，排名较高的网页将显示在排名较低的网页前面。SequenceNO 指用户点击的序列号。一般来说，用户在提交一个查询之后，通常有可能会多次点击页面的返回结果。把一个用户进行的这些点击的行为，称为一个会话。用户点击的顺序号则表示当前点击是整个会话中的第几次点击；URL 是用户所点击的网页的链接地址。例如，某记录为"6029750673720081［四级成绩］11cet.etang.com/"，则对应 SessionID 为"6029750673720081"，查询词为"四级成绩"，用户点击的 URL 为"cet.etang.com/"，该 URL 在结果中排名为 1，用户点击该 URL 为第 1 次点击。

7.1.2　查看数据及数据扩展

将整体软件安装包"Hadoop In Action Experiment"中的 ide-code 和 sogou-data 文件夹传输到 HadoopMaster 节点的用户主目录。进入实验数据文件夹：

cd/home/wang839/sogou-data/500w

使用 less 命令查看搜狗数据：

less sogou.500w.utf8

查看记录总行数：

cd/home/wang839/sogou-data/500w

wc-l sogou.500w.utf8

使用"head"命令截取 sogou.500w.uft8 的前一百行数据：

head-100 sogou.500w.utf8 > sogou.demo

将时间字段拆分并拼接，添加年、月、日、小时字段，以便使用更精确的时间区间进行分析,结果显示如图 7-1。

cd/home/wang839/ide-code

bash sogou-log-extend.sh/home/wang839/sogou-data/500w/sogou.500w.utf8/home/wang839/sogou-data/500w/sogou.500w.utf8.ext.sogou_ext_20111230 where ui

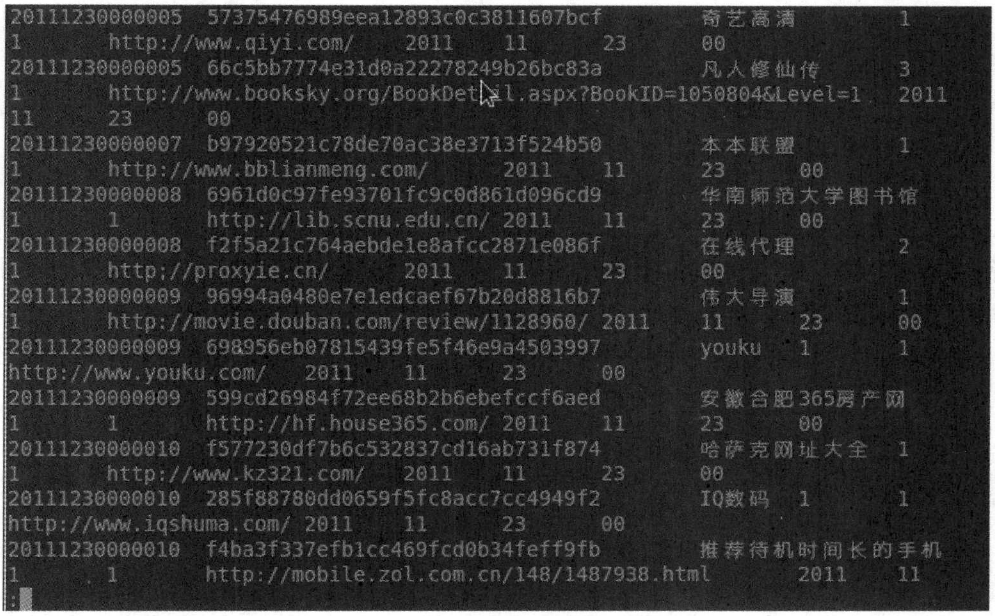

```
20111230000005  57375476989eea12893c0c3811607bcf        奇艺高清        1
1       http://www.qiyi.com/    2011    11      23      00
20111230000005  66c5bb7774e31d0a22278249b26bc83a        凡人修仙传      3
1       http://www.booksky.org/BookDetail.aspx?BookID=1050804&Level=1   2011
11      23      00
20111230000007  b97920521c78de70ac38e3713f524b50        本本联盟        1
1       http://www.bblianmeng.com/      2011    11      23      00
20111230000008  6961d0c97fe93701fc9c0d861d096cd9        华南师范大学图书馆
1       1       http://lib.scnu.edu.cn/ 2011    11      23      00
20111230000008  f2f5a21c764aebde1e8afcc2871e086f        在线代理        2
1       http;//proxyie.cn/      2011    11      23      00
20111230000009  96994a0480e7e1edcaef67b20d8816b7        伟大导演        1
1       http://movie.douban.com/review/1128960/ 2011    11      23      00
20111230000009  698956eb07815439fe5f46e9a4503997        youku   1       1
http://www.youku.com/   2011    11      23      00
20111230000009  599cd26984f72ee68b2b6ebefccf6aed        安徽合肥365房产网
1       1       http://hf.house365.com/ 2011    11      23      00
20111230000010  f577230df7b6c532837cd16ab731f874        哈萨克网址大全  1
1       http://www.kz321.com/   2011    11      23      00
20111230000010  285f88780dd0659f5fc8acc7cc4949f2        IQ数码  1       1
http://www.iqshuma.com/ 2011    11      23      00
20111230000010  f4ba3f337efb1cc469fcd0b34feff9fb        推荐待机时间长的手机
1       1       http://mobile.zol.com.cn/148/1487938.html       2011    11
:
```

图 7-1　搜索日志数据样例

7.1.3　数据加载

针对每条记录,使用第 2 步数据扩展的结果,过滤第 2 个字段(UID)或者第 3 个字段(搜索关键词)为空的行。

cd/home/wang839/ide-code

bash sogou-log-filter.sh/home/wang839/sogou-data/500w/sogou.500w.utf8.ext

/home/wang839/sogou-data/500w/sogou.500w.utf8.flt

过滤后的数据样例如图 7-2 所示。

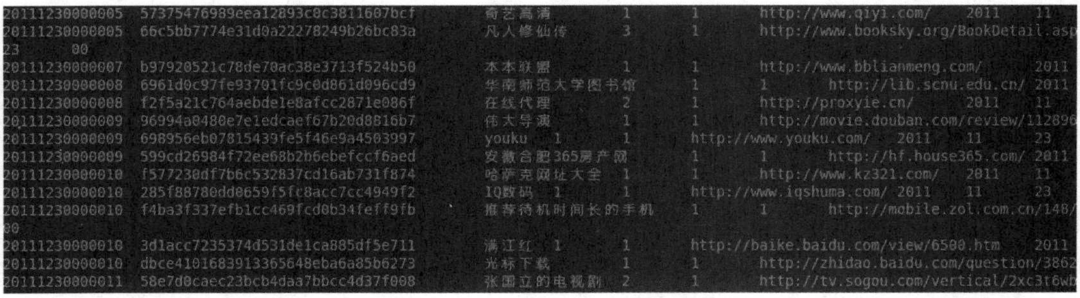

```
20111230000005  57375476989eea12893c0c3811607bcf        奇艺高清        1       1       http://www.qiyi.com/    2011    11
20111230000005  66c5bb7774e31d0a22278249b26bc83a        凡人修仙传      3       1       http://www.booksky.org/BookDetail.asp
23      00
20111230000007  b97920521c78de70ac38e3713f524b50        本本联盟        1       1       http://www.bblianmeng.com/      2011
20111230000008  6961d0c97fe93701fc9c0d861d096cd9        华南师范大学图书馆      1       1       http://lib.scnu.edu.cn/ 2011
20111230000008  f2f5a21c764aebde1e8afcc2871e086f        在线代理        2       1       http://proxyie.cn/      2011    11
20111230000009  96994a0480e7e1edcaef67b20d8816b7        伟大导演        1       1       http://movie.douban.com/review/112896
20111230000009  698956eb07815439fe5f46e9a4503997        youku   1       1       http://www.youku.com/   2011    11      23
20111230000009  599cd26984f72ee68b2b6ebefccf6aed        安徽合肥365房产网       1       1       http://hf.house365.com/ 2011
20111230000010  f577230df7b6c532837cd16ab731f874        哈萨克网址大全  1       1       http://www.kz321.com/   2011    11
20111230000010  285f88780dd0659f5fc8acc7cc4949f2        IQ数码  1       1       http://www.iqshuma.com/ 2011    11      23
20111230000010  f4ba3f337efb1cc469fcd0b34feff9fb        推荐待机时间长的手机    1       1       http://mobile.zol.com.cn/148/
00
20111230000010  3d1acc7235374d531de1ca885df5e711        满江红  1       1       http://baike.baidu.com/view/6500.htm    2011
20111230000010  dbce4101683913365648eba6a85b6273        光标下载        1       1       http://zhidao.baidu.com/question/3862
20111230000011  58e7d0caec23bcb4daa7bbcc4d37f008        张国立的电视剧  2       1       http://tv.sogou.com/vertical/2xc3t6wb
```

图 7-2　过滤后的搜索日志数据样例

将过滤后的数据加载到 HDFS 上:

hdfs dfs-mkdir-p/sogou/20111230

hdfs dfs-put/home/wang839/sogou-data/500w/sogou.500w.utf8/sogou/20111230/

hdfs dfs-mkdir-p/sogou_ext/20111230

hdfs dfs-put/home/wang839/sogou-data/500w/sogou.500w.utf8.flt/sogou_ext/20111230

7.2 基于 Hive 构建日志数据的数据仓库

Hive 是基于 Hadoop 文件系统的分布式、按列存储的数据仓库,提供数据抽取、转换和加载工具,具备数据存储管理和大型数据集的查询和分析能力。通俗地说,Hive 管理 HDFS 中存储的数据,并提供基于 SQL 的查询语言便于进行数据库操作。本节创建了 Hive 数据仓库,并将搜狗搜索日志数据加载至 HDFS 上,以便于后续高效的分析处理操作。

构建基于搜索日志数据的 Hive 数据仓库,要求 Hadoop 集群正常启动且已经打开 Hive 客户端。

首先进入 hive 安装文件根目录,执行命令启动 Hive 客户端:

cd/home/wang839/apache-hive-0.13.1-bin

bin/hive

下面操作都是在 Hive 客户端中进行。

7.2.1 基本操作

查看数据库:

show databases;

创建数据库 sogou:

create database sogou;

使用 sogou 数据库:

use sogou;

查看所有表名:

show tables;

创建外部表:

CREATE EXTERNAL TABLE sogou.sogou_20111230(

ts STRING,

uid STRING,

keyword STRING,

rank INT,

order INT,

url STRING)

```
COMMENT ' This is the sogou search data of one day '
ROW FORMAT DELIMITED
FIELDS TERMINATED BY '\t '
STORED AS TEXTFILE
LOCATION '/sogou/20111230 ';
```

查看新创建的表 sogou.sogou_20111230 的表结构：

```
show create table sogou.sogou_20111230;
describe sogou.sogou_20111230;
```

删除表 sogou.sogou_20111230：

```
drop table sogou.sogou_20111230;
```

7.2.2 按照时间创建分区表

首先，添加年、月、日、小时 4 个字段，创建扩展数据的外部表：

```
CREATE EXTERNAL TABLE sogou.sogou_ext_20111230(
ts STRING,
uid STRING,
keyword STRING,
rank INT,
order INT,
url STRING,
year INT,
month INT,
day INT,
hour INT
)
COMMENT ' This is the sogou search data of extend data '
ROW FORMAT DELIMITED
FIELDS TERMINATED BY '\t '
STORED AS TEXTFILE
LOCATION '/sogou_ext/20111230 ';
```

创建带分区的外部表：

```
CREATE EXTERNAL TABLE sogou.sogou_partition(
ts STRING,uid STRING,keyword STRING,rank INT,order INT,url STRING)
COMMENT ' This is the sogou search data by partition '
partitioned by ( year INT,month INT,day INT,hour INT)
```

使用下面命令查看分区外部表 sogou_ext_20111230 的前 10 条记录，返回结果如图 7-3

所示：

select ＊ from sogou_ext_20111230 limit 10；

```
hive> select * from sogou_ext_20111230 limit 10;
OK
20111230000005  57375476989eea12893c0c3811607bcf        奇艺高清        1       1
http://www.qiyi.com/    2011    11      23      0
20111230000005  66c5bb7774e31d0a22278249b26bc83a        凡人修仙传      3       1
http://www.booksky.org/BookDetail.aspx?BookID=1050804&Level=1   2011    11      2
3       0
20111230000007  b97920521c78de70ac38e3713f524b50        本本联盟        1       1
http://www.bblianmeng.com/      2011    11      23      0
20111230000008  6961d0c97fe93701fc9c0d861d096cd9        华南师范大学图书馆      1
1       http://lib.scnu.edu.cn/ 2011    11      23      0
20111230000008  f2f5a21c764aebde1e8afcc2871e086f        在线代理        2       1
http://proxyie.cn/      2011    11      23      0
20111230000009  96994a0480e7e1edcaef67b20d8816b7        伟大导演        1       1
http://movie.douban.com/review/1128960/ 2011    11      23      0
20111230000009  698956eb07815439fe5f46e9a4503997        youku   1       1       h
ttp://www.youku.com/    2011    11      23      0
20111230000009  599cd26984f72ee68b2b6ebefccf6aed        安徽合肥365房产网       1
1       http://hf.house365.com/ 2011    11      23      0
20111230000010  f577230df7b6c532837cd16ab731f874        哈萨克网址大全  1       1
http://www.kz321.com/   2011    11      23      0
20111230000010  285f88780dd0659f5fc8acc7cc4949f2        IQ数码  1       1       h
ttp://www.iqshuma.com/  2011    11      23      0
Time taken: 2.131 seconds, Fetched: 10 row(s)
```

图 7-3　区外部表中的前十条记录

同样，可查看分区扩展表 sogou_ext_20111230 的前 10 条 URL 记录（见图 7-4）：

select url from sogou_ext_20111230 limit 10；

```
Total MapReduce CPU Time Spent: 3 seconds 410 msec
OK
http://www.qiyi.com/
http://www.booksky.org/BookDetail.aspx?BookID=1050804&Level=1
http://www.bblianmeng.com/
http://lib.scnu.edu.cn/
http://proxyie.cn/
http://movie.douban.com/review/1128960/
http://www.youku.com/
http://hf.house365.com/
http://www.kz321.com/
http://www.iqshuma.com/
Time taken: 67.588 seconds, Fetched: 10 row(s)
```

图 7-4　分区外部表中的前十条 URL 记录

使用下面命令查找分区外部表特定用户的相关记录（见图 7-5）：

select ＊ from sogou_ext_20111230 where uid ='96994a0480e7e1edcaef67b20d8816b7'；

```
Total MapReduce CPU Time Spent: 15 seconds 880 msec
OK
20111230000009  96994a0480e7e1edcaef67b20d8816b7         伟大导演    1       1
http://movie.douban.com/review/1128960/ 2011    11      23      0
20111230000135  96994a0480e7e1edcaef67b20d8816b7         伟大导演    2       2
http://www.mtime.com/news/2009/02/20/1404845.html      2011    11      23      0
20111230000149  96994a0480e7e1edcaef67b20d8816b7         伟大导演    5       3
http://i.mtime.com/1449171/blog/4297703/       2011    11      23      0
20111230000439  96994a0480e7e1edcaef67b20d8816b7         伟大导演    9       4
http://news.xinhuanet.com/newmedia/2007-08/14/content_6527307.htm       2011    1
1       23      0
20111230000956  96994a0480e7e1edcaef67b20d8816b7         斯科塞斯    1       1
http://baike.baidu.com/view/480574.htm 2011    11      23      0
Time taken: 176.57 seconds, Fetched: 5 row(s)
```

图 7-5　分区外部表中特定用户的相关记录

7.3　搜索日志数据分析

对搜索日志进行描述统计进而分析用户行为有助于搜索引擎公司充分了解搜索产品的实际运营情况,也为有效地挖掘用户的搜索需求奠定了基础。本节通过搜索日志记录的数量、关键词和 URL 等细分指标,实现了对用户搜索行为的深入挖掘。

7.3.1　日志记录条数统计

首先,统计日志数据总条数(见图 7-6):

```
hive> select count(*) from sogou.sogou_ext_20111230;
Total jobs = 1
Launching Job 1 out of 1
Number of reduce tasks determined at compile time: 1
In order to change the average load for a reducer (in bytes):
  set hive.exec.reducers.bytes.per.reducer=<number>
In order to limit the maximum number of reducers:
  set hive.exec.reducers.max=<number>
In order to set a constant number of reducers:
  set mapreduce.job.reduces=<number>
Starting Job = job_1456037294861_0007, Tracking URL = http://master:18088/proxy/
application_1456037294861_0007/
Kill Command = /home/zkpk/hadoop-2.5.2/bin/hadoop job  -kill job_1456037294861_0
007
Hadoop job information for Stage-1: number of mappers: 3; number of reducers: 1
2016-02-22 16:58:02,020 Stage-1 map = 0%,  reduce = 0%
2016-02-22 16:59:02,251 Stage-1 map = 0%,  reduce = 0%
2016-02-22 16:59:39,400 Stage-1 map = 33%,  reduce = 0%, Cumulative CPU 15.78 se
c
2016-02-22 16:59:45,130 Stage-1 map = 56%,  reduce = 0%, Cumulative CPU 20.92 se
c
2016-02-22 16:59:54,980 Stage-1 map = 100%,  reduce = 0%, Cumulative CPU 23.22 s
ec
2016-02-22 17:00:10,764 Stage-1 map = 100%,  reduce = 100%, Cumulative CPU 24.72
sec
MapReduce Total cumulative CPU time: 24 seconds 720 msec
Ended Job = job_1456037294861_0007
MapReduce Jobs Launched:
Job 0: Map: 3 Reduce: 1  Cumulative CPU: 24.72 sec   HDFS Read: 643687185 HDFS
 Write: 8 SUCCESS
Total MapReduce CPU Time Spent: 24 seconds 720 msec
OK
5000000
```

图 7-6　日志数据总条数统计

select count(∗) from sogou.sogou_ext_20111230;

分别根据 ts,uid,keyword,URL 统计无重复总条数,统计结果如图 7-7 所示:

select count (∗) from (select ∗ from sogou. sogou _ ext _ 20111230 group by ts, uid, keyword,url having count(∗)= 1) a;

图 7-7　无重复记录统计总条数

统计日志数据中独立用户总数:

select count(distinct(uid)) from sogou.sogou_ext_20111230;

7.3.2　关键词分析

1)查询关键词长度统计

使用下列命令,统计用户输入的检索词平均长度(见图 7-8):

select avg(a.cnt) from (select size(split(keyword,'\\s+')) as cnt from sogou. sogou_ext_ 20111230) a;

图 7-8　检索词平均长度计算

2)查询主题频度排名

查询主题排名即对搜索日志中用户输入的主题或关键词进行统计并按照访问量进行排

序。由于传统技术在存储和计算上存在性能瓶颈,使得对于大规模数据的统计尤为困难。大数据环境下,利用分布式框架技术,根据数据集的规模,可实现计算和存储的灵活扩展。

在上一节所创建的 Hive sogou 数据库上进行操作,在函数中对于每个提取出的查询词,对其访问量的统计数赋值为 1,形成查询词和其访问量的中间键值对,然后经过合并后作为 reduce 模块的输入,在 reduce 过程中通过遍历迭代器就可得出每个查询词的统计量;之后再进行一次 map 的操作就可对查询词按照访问量排序了。

使用下面命令查询频度最高的前 50 词,程序执行界面(见图 7-9):

select keyword,count(*) as cnt from sogou.sogou_ext_20111230 group by keyword order by cnt desc limit 50;

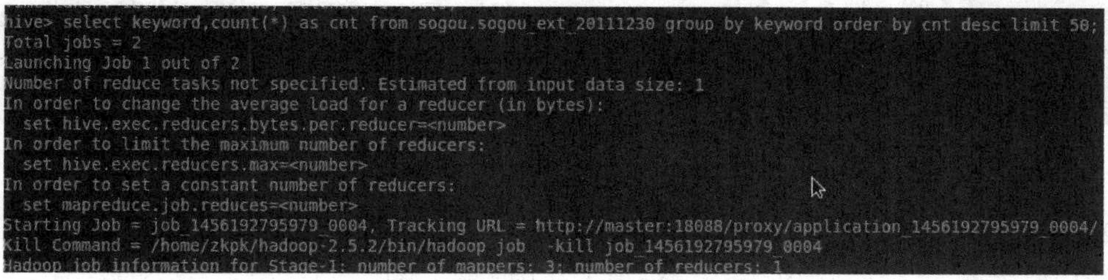

图 7-9　MapReduce 频度统计流程

MapReduce 提供的最有效的运算方式就是根据键值把<Key,Value>进行分类和排序,然后再对同一 Keys 下的列表进行数据统计和分析。对于用户点击排名的统计也是基于此考虑的,把键值对<Rank,1>作为任务的输入,而 reduce 任务中,把同一 Rank 对应的全部 values 值累加之后就可得到相同 Key 下的 Value 值的统计和。以下是处理用户点击 URL 排名时具体的 map-reduce 化过程伪代码:

```
Class Mapper
    Method Map( sougou log)
    URL SougouLog.GetURL
    Emit( URL,1)
Class Reducer
    Method Reduce( URL,value−List)
    Count = 0
    Foreach value in valuelist
    Count = Count+value
Emit( URL,Count)
End
```

当数据量达到普通的计算方式无法处理的时候,采用 MapReduce 的编程模型可很容易地实现数据的分类和排序,但是处理的过程中尽量要减少 MapReduce 的执行次数以减少中间过程,从而提高执行的效率。

7.3.3　用户 ID 分析

通过用户 ID(UID)追踪用户搜索记录可有效地识别用户一连串的时序搜索行为,从而为个性化的搜索服务奠定基础。下面的操作统计了日志记录中的用户数目,并识别出记录中查询频次较高的用户。

1)用户 ID 的查询次数分布

通过以下命令获取查询 1 次的 UID 个数,……,查询 N 次的 UID 个数(见图 7-10):

Select SUM(IF(uids.cnt$=1,1,0$)),SUM(IF(uids.cnt$=2,1,0$)),SUM(IF(uids.cnt$=3,1,$ 0)),SUM(IF(uids.cnt$>3,1,0$)) From (select uid,count($*$) as cnt from sogou.sogou_ext_20111230 group by uid) uids;

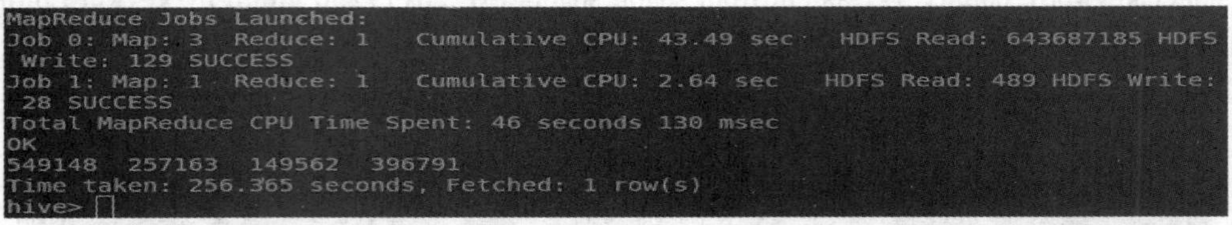

```
MapReduce Jobs Launched:
Job 0: Map: 3  Reduce: 1   Cumulative CPU: 43.49 sec   HDFS Read: 643687185 HDFS
 Write: 129 SUCCESS
Job 1: Map: 1  Reduce: 1   Cumulative CPU: 2.64 sec   HDFS Read: 489 HDFS Write:
 28 SUCCESS
Total MapReduce CPU Time Spent: 46 seconds 130 msec
OK
549148  257163  149562  396791
Time taken: 256.365 seconds, Fetched: 1 row(s)
hive>
```

图 7-10 不同查询次数的用户数目

2)查询一定访问次数的用户数

使用以下命令统计访问次数在两次以上的用户数(见图 7-11):

select count(a.uid) from (select uid,count($*$) as cnt from sogou.sogou_ext_20111230 group by uid having cnt > 2) a;

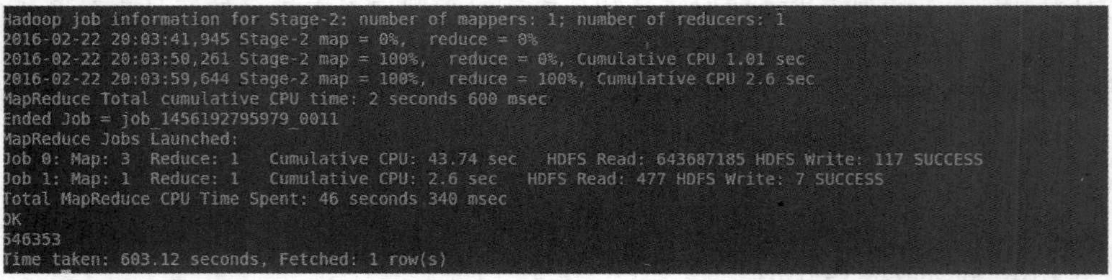

```
Hadoop job information for Stage-2: number of mappers: 1; number of reducers: 1
2016-02-22 20:03:41,945 Stage-2 map = 0%, reduce = 0%
2016-02-22 20:03:50,261 Stage-2 map = 100%, reduce = 0%, Cumulative CPU 1.01 sec
2016-02-22 20:03:59,644 Stage-2 map = 100%, reduce = 100%, Cumulative CPU 2.6 sec
MapReduce Total cumulative CPU time: 2 seconds 600 msec
Ended Job = job_1456192795979_0011
MapReduce Jobs Launched:
Job 0: Map: 3  Reduce: 1   Cumulative CPU: 43.74 sec   HDFS Read: 643687185 HDFS Write: 117 SUCCESS
Job 1: Map: 1  Reduce: 1   Cumulative CPU: 2.6 sec   HDFS Read: 477 HDFS Write: 7 SUCCESS
Total MapReduce CPU Time Spent: 46 seconds 340 msec
OK
546353
Time taken: 603.12 seconds, Fetched: 1 row(s)
```

图 7-11 访问次数在两次以上的用户数

3)查询一定访问次数的用户占比

统计用户 ID 总数,用 A 表示(见图 7-12):

select count(distinct (uid)) from sogou.sogou_ext_20111230;

```
MapReduce Total cumulative CPU time: 45 seconds 980 msec
Ended Job = job_1456192795979_0012
MapReduce Jobs Launched:
Job 0: Map: 3  Reduce: 1   Cumulative CPU: 45.98 sec   HDFS Read: 643687185 HDFS
 Write: 8 SUCCESS
Total MapReduce CPU Time Spent: 45 seconds 980 msec
OK
1352664
Time taken: 235.22 seconds, Fetched: 1 row(s)
```

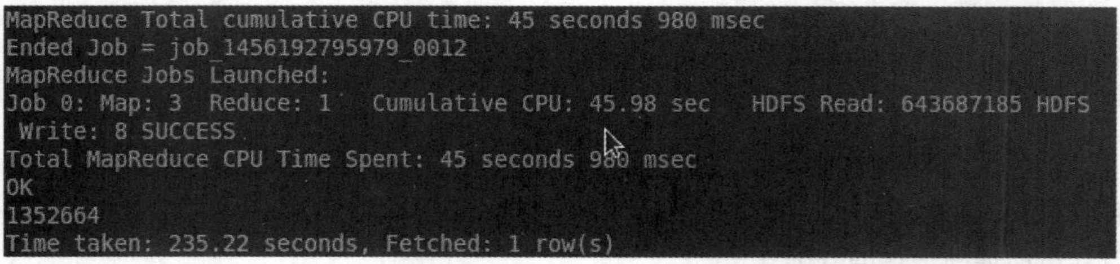

图 7-12 用户总数统计

统计使用搜索引擎频次在两次以上的用户数量,用 B 表示(见图 7-13):

select count(a.uid) from (select uid,count(*) as cnt from sogou.sogou_ext_20111230 group by uid having cnt > 2) a;

```
MapReduce Jobs Launched:
Job 0: Map: 3  Reduce: 1   Cumulative CPU: 41.22 sec   HDFS Read: 643687185 HDFS
 Write: 117 SUCCESS
Job 1: Map: 1  Reduce: 1   Cumulative CPU: 2.67 sec   HDFS Read: 477 HDFS Write:
 7 SUCCESS
Total MapReduce CPU Time Spent: 43 seconds 890 msec
OK
546353
Time taken: 292.206 seconds, Fetched: 1 row(s)
```

图 7-13　使用搜索引擎频次在两次以上的用户数量统计

则查询次数大于 2 的用户占比为

$$C = B/A = 0.403\ 9$$

4) 查询一定访问次数的用户展示

使用以下命令获取访问次数大于两次的用户 ID,展示返回结果的前 50 条记录(见图 7-14):

select b. * from(select uid,count(*) as cnt from sogou.sogou_ext_20111230 group by uid having cnt > 2) a join sogou.sogou_ext_20111230 b on a.uid=b.uid limit 50;

```
S Write: 6407 SUCCESS
Total MapReduce CPU Time Spent: 2 minutes 30 seconds 0 msec
OK
20111230141005  000048ad4cb133b2bb376f07356dde9e        三国小镇无敌版  2       1
http://www.962.net/html/25471.html      2011    11      23      1
20111230172430  000048ad4cb133b2bb376f07356dde9e        九月偷星天漫画大结局    2
1       http://www.hongxiu.com/x/206270/        2011    11      23      1
20111230171855  000048ad4cb133b2bb376f07356dde9e        九月偷星天漫画全集 免费1
1       http://comic.zymk.cn/comic/show/43.html 2011    11      23      1
20111230172631  000048ad4cb133b2bb376f07356dde9e        九月偷星天漫画全集 免费1
1       http://comic.zymk.cn/comic/show/43.html 2011    11      23      1
20111230170648  000048ad4cb133b2bb376f07356dde9e        偷九月星天        1       1
http://v.youku.com/v_show/id XMTAyMzczNzQw.html 2011    11      23      1
20111230141012  000048ad4cb133b2bb376f07356dde9e        三国小镇无敌版  1       2
http://www.ganzhe.com/youxi/735384/     2011    11      23      1
20111230220953  000080fd3eaf6b381e33868ec6459c49        福彩3d单选一注法        4
1       http://www.55125.cn/3djq/20111103_352210.htm    2011    11      23      2
20111230222603  000080fd3eaf6b381e33868ec6459c49        福彩3d单选一注法        1
0       5       http://www.18888.com/read-htm-tid-6069520.html 2011    11      2
3       2
20111230222802  000080fd3eaf6b381e33868ec6459c49        福彩3d单选号码走势图     1
1       http://zst.cjcp.com.cn/cjw3d/view/3d_danxuan.php        2011    11      2
3       2
20111230222417  000080fd3eaf6b381e33868ec6459c49        福彩3d单选一注法        7
4       http://bbs.18888.com/read-htm-tid-4017348.html  2011    11      23      2
20111230222158  000080fd3eaf6b381e33868ec6459c49        福彩3d单选一注法        6
3       http://bbs.17500.cn/thread-2453170-1-1.html     2011    11      23      2
20111230222128  000080fd3eaf6b381e33868ec6459c49        福彩3d单选一注法        5
```

图 7-14　访问次数大于两次的用户 ID 样例

7.3.4 用户行为分析

在获得网站访问量基本数据的情况下,对有关数据进行分析和统计,可从中发现用户访问网站的规律。对于搜索引擎而言,当前主流用户以查询关键字为载体进行检索,因此,用户提交的查询长度、次数和类型决定了用户传递给搜索引擎的信息内容和信息量。本实验在 Hadoop 平台上对搜狗实验室提供的搜索引擎日志数据集进行了分析处理,获取了用户点击数与 URL 排名、直接输入 URL 作为查询词的用户比例以及独立搜索行为 3 个方面用户搜索行为特征。

1) 用户点击 URL 排名分析

用户搜索网络日志一个重要用途就是对结果进行排序。用户在看到查询结果后,一般只会点击感兴趣的搜索结果。如果其点击的位置不在给出的前排结果中,可认为排在前面的结果并没有很好地满足用户的需求。因此,用户的点击是其对搜索结果的一个反馈,也是对结果排序是否合理的暗示。

执行以下命令,返回用户所点击的搜索结果的 Rank 在 10 以内的点击次数占比,用 A 表示(见图 7-15):

select count(*) from sogou.sogou_ext_20111230 where rank < 10;

```
MapReduce Total cumulative CPU time: 18 seconds 250 msec
Ended Job = job_1456192795979_0017
MapReduce Jobs Launched:
Job 0: Map: 3  Reduce: 1   Cumulative CPU: 18.25 sec   HDFS Read: 643687185 HDFS
 Write: 8 SUCCESS
Total MapReduce CPU Time Spent: 18 seconds 250 msec
OK
4999869
Time taken: 128.077 seconds, Fetched: 1 row(s)
```

图 7-15　搜索结果点击记录序号在 10 以内的记录数

查询数据库内所有记录的数量,用 B 表示:

select count(*) from sogou.sogou_ext_20111230;

则用户点击 URLrank<10 占比为

$$A/B = 0.999\ 9$$

用户点击顺序与搜索引擎返回结果排名的关系直接反映出搜索引擎的优劣。当用户提交一个查询后,搜索引擎会返回很多结果,用户只会点击跟自己查询目标关系密切的 URL。由统计结果可知,用户点击集中在返回结果的前 10 个,这就需要搜索引擎排序算法要尽可能将反映用户查询需求的结果放在首页。因此,有意向在搜索引擎中投放广告的商家一定要把广告页面放在第一页搜索结果中。此外,正是由于这种特性的存在,评价一个搜索引擎的检准率应针对前几页的检索结果,而不应像以往评价传统检索系统那样将所有检索结果纳入考虑范围。

2) URL 作为查询词的比例

在图 7-16 的结果中,有 1.47% 的查询是用户直接输入 URL 部分或全部地址进行查询的。对这些包含 URL 的查询进行统计分析后发现,其中平均有 37.25% 的点击数指向的就是用户输入的 URL 的网址。从这个比例可以看出,很大一部分用户提交含有 URL 的查询是由于没有记全网址等原因而想借助搜索引擎来找到自己想浏览的网页。因此,搜索引擎在处理这部分查询的时候,一个比较理想的方式是首先把相关的完整 URL 地址返回给用户,这样有较大可能符合用户的查询需求。

①使用下列命令查询直接输入 URL 进行检索的用户比例。

用 A 表示下列命令的返回结果(见图 7-16):

select count(∗) from sogou.sogou_ext_20111230 where keyword like '%www%';

```
MapReduce Jobs Launched:
Job 0: Map: 3  Reduce: 1   Cumulative CPU: 32.45 sec   HDFS Read: 643687185 HDFS
 Write: 6 SUCCESS
Total MapReduce CPU Time Spent: 32 seconds 450 msec
OK
73979
Time taken: 162.214 seconds, Fetched: 1 row(s)
hive>
```

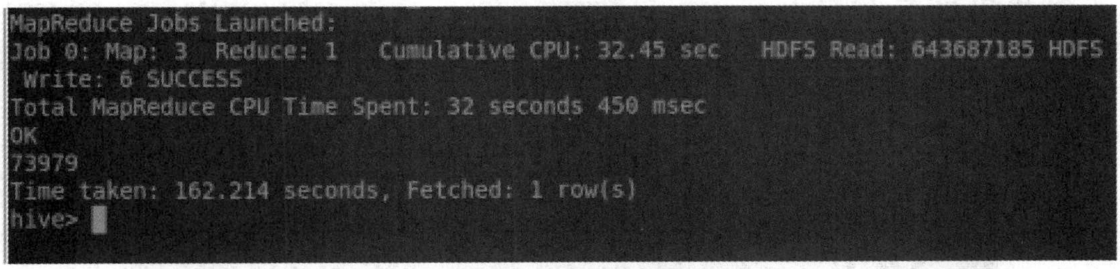

图 7-16　以 URL 作为检索词的用户数目

B 为数据库中相关记录总数:

select count(∗) from sogou.sogou_ext_20111230;

则直接输入 URL 进行查询的用户比例为 A/B。

②使用下列命令获取用户直接输入 URL 的查询中,点击数指向的就是用户输入的 URL 的网址所占的比例。

用 C 表示下面命令的返回结果(见图 7-17):

select SUM(IF(instr(url,keyword)>0,1,0)) from

(select ∗ from sogou.sogou_ext_20111230 where keyword like '%www%') a;

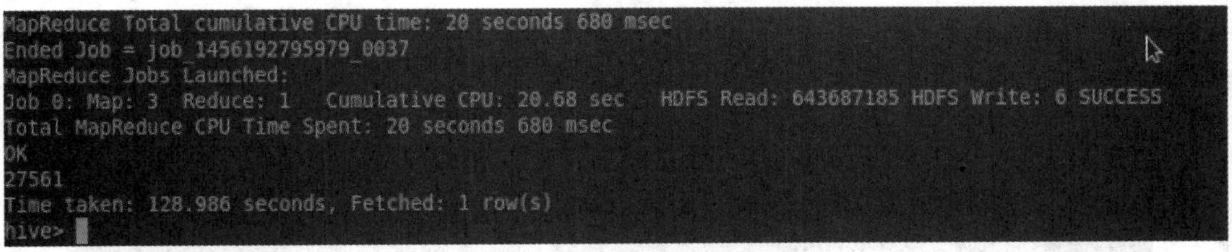

```
MapReduce Total cumulative CPU time: 20 seconds 680 msec
Ended Job = job_1456192795979_0037
MapReduce Jobs Launched:
Job 0: Map: 3  Reduce: 1   Cumulative CPU: 20.68 sec   HDFS Read: 643687185 HDFS Write: 6 SUCCESS
Total MapReduce CPU Time Spent: 20 seconds 680 msec
OK
27561
Time taken: 128.986 seconds, Fetched: 1 row(s)
hive>
```

图 7-17　用户点击其输入的 URL 的网址数目

可计算出占比为

$$C/A = 0.372\ 5$$

3)独立用户行为分析

从前面的结果中可知,中文查询通常较短,而且中文含义较多。因此,搜索引擎很难选择到底该将什么样的结果返回给用户。通过下面两个例子可看到,虽然两个用户都是提交了"仙剑奇侠传"这个查询,但由于检索目标不同,用户查询的行为也有很大差别。用户 1 仅点击了一次结果,而且从点击的 URL 可以看出,他是想找有关"仙剑"这个游戏的相关网站或下载地址；而用户 2 则点击了 13 次之多，而且他点击的 URL 是一些导航类的网页，可推测他的检索目标是与仙剑电视剧或游戏相关的信息或资讯。而这两种情况基本代表了提交“仙剑奇侠传”这个查询的用户的两种最主要的检索目标。因此，搜索引擎在返回结果的时候，可根据这种情况，将这两类相关的网站交错排列放到返回结果的靠前位置，从而较好地满足两种不同用户的查询需求。

①使用以下命令统计搜索过“仙剑奇侠传”并且次数大于 3 的 uid：

select uid,count(*) as cnt from sogou.sogou_ext_20111230 where keyword='仙剑奇侠传' group by uid having cnt >3;

② 使用以下命令查找 uid 为 653d48aa356d5111ac0e59f9fe736429 和 e11c6273-e337c1d1032229f1b2321a75 的相关搜索记录：具体结果如图 7-18，图 7-19 所示：

select * from sogou.sogou_ext_20111230 where uid=' 653d48aa356d5111ac0e59f9fe736429 ' and keyword like '%仙剑奇侠传%';

```
MapReduce Jobs Launched:
Job 0: Map: 3   Cumulative CPU: 14.82 sec   HDFS Read: 643687185 HDFS Write: 121
6 SUCCESS
Total MapReduce CPU Time Spent: 14 seconds 820 msec
OK
20111230151459  653d48aa356d5111ac0e59f9fe736429        仙剑奇侠传      5       1
http://www.163dyy.com/detail/500.html   2011    11      23      1
20111230151537  653d48aa356d5111ac0e59f9fe736429        仙剑奇侠传      1       1
http://www.tvmao.com/drama/WVgxbA==/episode     2011    11      23      1
20111230205230  653d48aa356d5111ac0e59f9fe736429        仙剑奇侠传      5       1
http://www.163dyy.com/detail/500.html   2011    11      23      2
20111230205453  653d48aa356d5111ac0e59f9fe736429        仙剑奇侠传第一部全集    1
1       http://tv.sogou.com/series/wxt4vu5644qm7sn5updont6awsv3lwwsxozl6.html?p=
40230600        2011    11      23      2
20111230205645  653d48aa356d5111ac0e59f9fe736429        仙剑奇侠传第一部        6
1       http://www.youku.com/playlist_show/id_16700878.html     2011    11      2
3       2
20111230205830  653d48aa356d5111ac0e59f9fe736429        仙剑奇侠传1     1       1
http://tv.sogou.com/series/wxt4vu5644qm7sn5updont6awsv3lwwsxozl6.html?p=40230600
2011    11      23      2
```

图 7-18　用户 1 相关搜索记录

select * from sogou.sogou_ext_20111230 where uid=' e11c6273e337c1d1032229f1b2321a75 ' and keyword like '%仙剑奇侠传%';

```
仙剑奇侠传4官网 1       1       http://pal4.52pk.com/   2011    11      23      0
仙剑奇侠传4结局 1       1       http://zhidao.baidu.com/question/196334214      2011    11      23
仙剑奇侠传4     5       1       http://baike.baidu.com/view/10142.htm   2011    11      23      0
仙剑奇侠传3     7       1       http://baike.baidu.com/view/33571.htm   2011    11      23      0
仙剑奇侠传2     6       1       http://baike.baidu.com/view/246644.htm  2011    11      23      0
仙剑奇侠传      4       1       http://baike.baidu.com/view/2188.htm    2011    11      23      0
仙剑奇侠传三外传        1       1       http://baike.baidu.com/view/246650.htm  2011    11      23
仙剑奇侠传四动画        4       1       http://www.56.com/w77/play_album-aid-1824744_vid-MTY3MjkwO

仙剑奇侠传3结局动画     2       1       http://v.youku.com/v_show/id_XNDczMTU3Ng==.html 2011    11
仙剑奇侠传3结局 8       1       http://zhidao.baidu.com/question/143395514      2011    11      23
仙剑奇侠传三    5       1       http://baike.baidu.com/view/4219.htm    2011    11      23      0
仙剑奇侠传三游戏剧情    2       1       http://zhidao.baidu.com/question/106721096      2011    11
仙剑奇侠传三    5       1       http://baike.baidu.com/view/4219.htm    2011    11      23      0
仙剑奇侠传四    2       1       http://baike.baidu.com/view/31425.htm   2011    11      23      0
仙剑奇侠传      4       1       http://baike.baidu.com/view/2188.htm    2011    11      23      0
仙剑奇侠传二    2       1       http://baike.baidu.com/view/246644.htm  2011    11      23      0
仙剑奇侠传      4       1       http://baike.baidu.com/view/2188.htm    2011    11      23      0
仙剑奇侠传      4       1       http://baike.baidu.com/view/2188.htm    2011    11      23      0
```

图 7-19　用户 2 相关搜索记录

返回结果：

653d48aa356d5111ac0e59f9fe736429 www.163dyy.com 影视 4

e11c6273e337c1d1032229f1b2321a75 baike.baidu.com 信息 20

【本章小结】

搜索引擎用户行为分析是网络用户行为研究领域的热点课题。通过分析用户点击行为，利用大数据挖掘技术获取有价值的用户信息，可提升搜索引擎检索算法的性能和检索服务的用户体验，也能够将用户从大量无序的搜索结果中解放出来。本章介绍了利用大数据分析面向海量搜索引擎日志的用户行为分析方法。使用了 Hadoop 框架下分布式文件系统 HDFS 与 MapReduce 并行计算模型对海量数据进行映射/规约的计算。同时，还利用了强大的类 SQL 数据库语言 Hive 对用户行为数据进行分析处理。实验部分首先对 Hadoop 进行了环境配置和各组件的部署，进一步在 Hive 数据库上从用户点击数、用户点击 URL 的排名、直接输入 URL 作为查询词数目、独立用户搜索行为等多角度分析了用户的信息检索行为，其结果对搜索引擎的运营优化及用户行为分析有着重要意义，也一定程度上体现了大数据分析的低成本、高效率的特性。

【关键术语】

Hadoop   Hive   日志分析

【复习思考题】

1. 简述独立用户行为分析中的 MapReduce 处理流程。

2. 利用 Hive 分析搜狗日志数据，统计一天中不同时间段搜狗搜索引擎的用户访问量，并根据结果阐释用户访问搜索引擎的时间特点。

3. 利用本书提供的 taobao.item 数据集，开展大数据分析，针对淘宝用户的购买行为提出自己的结论和建议。

第8章
电子商务大数据推荐系统

📖 【本章学习目标与要求】

- 理解协同过滤推荐算法的原理与相关应用。
- 熟练部署大数据分析工具 Mahout，能够运用其中的推荐算法。

随着电子商务规模的不断扩大，商品数量和种类快速增长，顾客需要花费大量的时间才能找到自己想买的商品，出现了信息过载问题（Information Overload），推荐系统（Recommender System）应运而生。推荐系统旨在帮助在线顾客快速发现与其消费需求最为匹配的商品项目或信息条目。推荐系统作为协助用户解决信息过载的有效手段，如今已广泛应用在图书、电影、音乐、旅社、餐馆或新闻等消费类信息服务中。本章将从电子商务推荐系统的应用现状和所面临的数据处理问题入手，基于 Hadoop 分布式环境和 Mahout 搭建一个面向海量用户数据的推荐系统，并为用户生成推荐项目。

8.1   电子商务推荐系统

推荐系统根据用户的历史行为数据，利用机器学习算法分析用户的行为，能发现用户的个性化需求、兴趣、偏好等，然后将用户感兴趣的信息或产品推荐给用户。Google、百度为代表的搜索引擎可让用户通过输入关键词精确找到自己需要的相关信息。但是，如果用户无法想到准确描述自己需求的关键词，此时搜索引擎就无能为力了。与搜索引擎不同，推荐系统不需要用户提供明确的需求描述，而是通过分析用户的历史行为来对用户的兴趣进行建模，从而主动给用户推荐可满足他们兴趣和需求的产品和服务。因此，搜索引擎和推荐系统对用户来说是两个互补的工具，前者需要用户"主动出击"，后者则让用户"被动笑纳"。

推荐系统可认为是一种特殊形式的信息过滤（Information Filtering）系统，主要有"协同过滤推荐""基于内容的推荐""基于关联规则的推荐""基于知识推理的推荐""组合推荐"这几种智能算法。推荐系统可更好地发掘信息的长尾（Long Tail）。在传统零售超市里，最热门的少数商品往往摆在最醒目的位置，而大量的冷门商品则放在货架的某个角落，很难让人注意到。但在电子商务时代，借助于个性化推荐系统，这些冷门商品也终于可主动被推送到感兴趣用户网页的最醒目位置。

推荐系统现已广泛应用于很多领域,其中,最典型并具有良好的发展前景的方向就是电子商务领域。电子商务推荐系统是联系用户和物品的媒介,而推荐系统关联用户和物品的方式主要有 3 种,如图 8-1 所示。如果将这 3 种方式抽象归纳就可以发现,如果认为用户喜欢的物品也是一种用户特征,或者与用户兴趣相似的其他用户也是一种用户特征,那么,用户就和物品通过特征相联系。

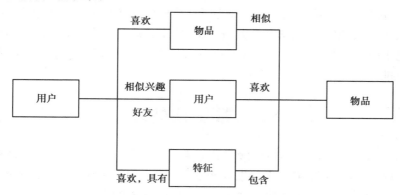

图 8-1 3 种联系用户与产品的推荐系统

推荐系统依赖于用户行为数据,表 8-1 展示了一个电子商务网站上的典型的用户行为数据。从产生行为的用户来说,有些行为由注册用户产生,而有些行为所有用户都可以产生。从规模上看,浏览网页、搜索记录的规模都很大,因为这种行为所有用户都能产生,而且平均每个用户都会产生很多这些行为。购买、收藏行为规模中等,因为只有注册用户才产生这些行为。但购买行为又是电商网站的主要行为,购买相对评论来说规模更大,但相对于网页浏览行为来说,则又小得多。最后一些行为仅注册用户中一小部分人才有,所以规模并不大。从是否实时存取角度上看,购买、收藏、评论、评分、分享等行为都是需要实时存取的,因为只要用户有了这些行为,界面上就需要体现出来,如用户购买了商品后,用户的个人购买列表中就立即显示用户购买的商品。而有些行为,如浏览网页的行为和搜索行为则并不需要实时存取。

表 8-1 电子商务网站中的典型行为

行　　为	用户类型	规模	实时存取
浏览网页	注册/匿名	大	×
将商品加入购物车	注册	中	√
购买商品	注册	中	√
收藏	注册	中	√
评论商品	注册	小	√
给商品评分	注册	小	√
搜索商品	注册/匿名	大	×
点击搜索结果	注册/匿名	大	×
分享商品	注册	小	√

　　按照前面数据的规模和是否需要实时存取,不同的行为将被存储在不同媒介中。一般来说,需要实时存取的数据存储在数据库和缓存中,而大规模非实时的数据存储在分布式文件系统(如 HDFS)中。数据能否实时存取在推荐系统中非常重要,因为推荐系统的实时性主要依赖于能否实时跟踪用户的行为偏好。只有获取拿到大量用户的即时行为数据,推荐系统才能实时地适应用户当前的需求,进而对用户进行精准推荐。

　　下面的 8.2 节、8.3 节将从数据预处理、Mahout 分布式协同过滤推荐技术及其实现这 3 个方面阐明,大数据背景下推荐系统的技术流程、数据处理和算法实现。数据采用淘宝网真实的用户日志文件,数据记录共 700 余万条,大小约 1 GB。虽然不是大数据量级,但是通过搭建大数据电子商务推荐系统,并经过数据实验,从方法和流程上进行了数据的处理,并实现了电子商务推荐。

8.2　数据预处理

　　Mahout 分布式推荐方法的实现依赖格式规范的数据输入。本节利用所搭建的 Hadoop 及 Hive 数据库环境基于淘宝网用户日志数据,使用 Hive,HDFS 及正则表达式等技术实现了数据库的加载、空值删除和目标数据的抽取。Hadoop 环境的安装配置、Hive 数据库操作请参看附录 2、附录 3。

　　①首先,进入 hive 安装主目录,启动 hive 客户端:

【wang839@ master apache-0.13.1-bin】$ bin/hive

进入 hive 客户端后,使用 Hive 构建原始数据的数据仓库,如图 8-2 所示。

```
        > create database if not exists tmall;
OK
Time taken: 1.228 seconds
```

图 8-2　构建原始数据仓库

　　②创建原始数据表。执行"use tmall;"命令,用"CREAT EXTERNAL TABLE"命令创建数据表,如图 8-3 所示。

```
hive> use tmall;
OK
Time taken: 0.042 seconds
hive> show tables
    > ;
OK
Time taken: 0.051 seconds
hive> CREATE EXTERNAL TABLE IF NOT EXISTS tmall.tmall_201412(
    > uid STRING,
    > time STRING,
    > pname STRING,
    > price DOUBLE,
    > number INT,
    > pid STRING)
    > ROW FORMAT DELIMITED
    > FIELDS TERMINATED BY '\t'
    > STORED AS TEXTFILE
    > LOCATION '/tmall/201412';
OK
Time taken: 0.229 seconds
```

图 8-3　创建数据表

③查看是否创建成功,如图 8-4 所示。

```
hive> show tables;
OK
tmall_201412
Time taken: 0.101 seconds, Fetched: 1 row(s)
hive> describe tmall_201412;
OK
uid                     string
time                    string
pname                   string
price                   double
number                  int
pid                     string
Time taken: 0.129 seconds, Fetched: 6 row(s)
```

图 8-4 查看数据表创建结果

④将已创建的数据库加载到 HDFS 上。

a.创建 hadoop 工作目录如图 8-5 所示。

```
[wang839@master ~]$ cd /home/wang839/Desktop/recommend/
[wang839@master recommend]$ hadoop fs -mkdir /tmall/201412
SLF4J: Class path contains multiple SLF4J bindings.
SLF4J: Found binding in [jar:file:/home/wang839/app/hadoop-2.5.2/share/hadoop/co
mmon/lib/slf4j-log4j12-1.7.5.jar!/org/slf4j/impl/StaticLoggerBinder.class]
SLF4J: Found binding in [jar:file:/home/wang839/app/hbase-0.98.9-hadoop2/lib/slf
4j-log4j12-1.6.4.jar!/org/slf4j/impl/StaticLoggerBinder.class]
SLF4J: See http://www.slf4j.org/codes.html#multiple_bindings for an explanation.
SLF4J: Actual binding is of type [org.slf4j.impl.Log4jLoggerFactory]
16/05/09 05:29:58 WARN util.NativeCodeLoader: Unable to load native-hadoop libra
ry for your platform... using builtin-java classes where applicable
mkdir: `/tmall/201412': File exists
```

图 8-5 创建 hadoop 工作目录

b.将用户数据文件移入 HDFS 的工作目录中:

Hadoop fs-put tmall-201412-1w.csv/tmall/201412(见图 8-6)

```
[wang839@master recommend]$ hadoop fs -put tmall-201412-1w.csv /tmall/201412
```

图 8-6

⑤执行下面命令查看数据格式:

select * from tmall.tmall_201412 limit 10;(见图 8-7)

```
hive> select * from tmall.tmall_201412 limit 10;
OK
13764633023     2014-12-01 02:20:42.000 全视目Allseelook 原宿风暴显色美瞳彩色隐
形艺术眼镜1片 拍2包邮    33.6    2       18067781305
13377918580     2014-12-17 08:10:25.000 kilala可啦啦大美目大直径混血美瞳年抛彩色
近视隐形眼镜2片包邮      19.8    2       17359010576
13532689063     2014-12-14 20:42:14.000 kilala可啦啦大美目大直径混血美瞳年抛彩色
近视隐形眼镜2片包邮      19.8    2       17359010576
13856049592     2014-12-22 17:03:26.000 kilala可啦啦大美目大直径混血美瞳年抛彩色
近视隐形眼镜2片包邮      19.6    2       17359010576
18056000601     2014-12-23 13:08:44.000 舒加美 甜甜圈糖果彩钻美瞳大直径年抛彩色
隐形眼镜进口全国包邮     9.9     1       18224781070
13950745682     2014-12-16 08:30:06.000 EYEMAY艾魅美瞳大直径美瞳年抛彩色隐形近视
眼镜包邮一片装送镜盒     19.6    2       17525034357
11111111111     2014-12-27 16:58:06.000 舒加美 大水凝天使冰蓝美瞳年抛大直径彩色
隐形眼镜  一副填2包邮    20.0    2       19767079212
18268900390     2014-12-05 19:48:26.000 kilala可啦啦大美目大直径美瞳年抛彩色近视
隐形眼镜2片包邮送盒      19.78   2       17359010576
15932549985     2014-12-12 14:05:12.000 爱漾美瞳钻石大梅花四叶草韩国进口彩色近视
隐形眼镜混血2片包邮      9.9     1       40568171089
13541923320     2014-12-01 13:36:38.000 秀儿 验孕棒早早孕试纸20条+尿杯20 验孕试
纸测试怀孕 测孕棒笔      9.9     1       35570005627
Time taken: 0.509 seconds, Fetched: 10 row(s)
```

图 8-7 数据样例

8.2.1 数据准备

将 tmall 数据导入 Hive 数据库,执行正则脚本删除空值数据并进行数据清洗,并为 Tmall 数据创建临时表(见图 8-8):

CREATE TABLE IF NOT EXISTS tmall.tmall_201412_uid_pid(

id STRING,

pid STRING)

ROW FORMAT DELIMITED

FIELDS TERMINATED BY '\t '

STORED AS TEXTFILE

```
hive> CREATE TABLE IF NOT EXISTS tmall.tmall_201412_uid_pid(
uid STRING,
pid STRING)
ROW FORMAT DELIMITED
FIELDS TERMINATED BY '\t'
STORED AS TEXTFILE;
OK
Time taken: 0.038 seconds
```

图 8-8 创建数据临时表

8.2.2 数据清洗

Mahout 中基于项目的推荐方法依赖 3 个主要部分的输入:userID,itemID 和项目偏好值(见表 8-2)。用户的偏好值可来自很多用户行为数据(如页面的点击、显式评分、订单数量等)。数据将以逗号分隔存储在 txt 文本文件中。

表 8-2 推荐输入数据表格式

userID	itemID	preference
用户 ID	物品 ID	偏好值

因此,原始数据需要进行一定的数据处理才能输入 Mahout 算法中。

1)使用下面命令初步填充并核验结果(见图 8-9)

INSERT OVERWRITE TABLE tmall.tmall_201412_uid_pid SELECT uid,pid from tmall.tmall_201412;

①下载 HDFS 文件到本地:

hadoop fs −get /user/hive/warehouse/tmall.db/tmall_201412_uid_pid/000000_0

图 8-9　获取推荐数据中的用户及项目编号

②打开本地文件(见图 8-10):

vi 000000_0

图 8-10　打开本地文件

③结果(见图 8-11):

④执行查找命令,查询空值记录,如图 8-12 所示。

图 8-11　结果

图 8-12　空值查询结果

2) 利用以下正则表达式进行初步清洗(见图 8-13)

INSERT OVERWRITE TABLE tmall. tmall_201412_uid_pid select regexp_extract(uid, '^[0−9]$', 0) , regexp_extract(pid, '^[0−9]$', 0) from tmall. tmall_201412 where regexp_ extract(uid, '^[0−9]$', 0) is not null and regexp_extract(uid, '^[0−9]$', 0) ! = ' NULL ' and regexp_extract(uid, '^[0−9]$', 0) ! =" and regexp_extract(uid, '^[0−9]$', 0) ! = ' ' and regexp_extract(uid, '^[0−9]$', 0) ! = ' null '? and regexp_extract(pid, '^[0−9]$', 0) is not null and regexp_extract(pid, '^[0−9]$', 0) ! = ' NULL ' and regexp_extract(pid, '^[0−9] $', 0) ! =" and regexp_extract(pid, '^[0−9]$', 0) ! = ' ' and regexp_extract(pid, '^[0−9]$ ', 0) ! = ' null ';

```
hive>
    > INSERT OVERWRITE TABLE tmall.tmall_201412_uid_pid select regexp_extract(uid,
    > '^[0-9]*$', 0),regexp_extract(pid, '^[0-9]*$', 0) from tmall.tmall_201412 where
    > regexp_extract(uid, '^[0-9]*$', 0) is not null and regexp_extract(uid, '^[0-9]*$',
    > 0) != 'NULL' and regexp_extract(uid, '^[0-9]*$', 0) !='' and regexp_extract(uid,
    > '^[0-9]*$', 0) != ' ' and regexp_extract(uid, '^[0-9]*$', 0) != 'null'
    > and regexp_extract(pid, '^[0-9]*$', 0) is not null and regexp_extract(pid,
    > '^[0-9]*$', 0) != 'NULL' and regexp_extract(pid, '^[0-9]*$', 0) !='' and
    > regexp_extract(pid, '^[0-9]*$', 0) != ' ' and regexp_extract(pid, '^[0-9]*$', 0) !=
    > 'null' ;
Total jobs = 3
Launching Job 1 out of 3
Number of reduce tasks is set to 0 since there's no reduce operator
Starting Job = job_1456730564841_0002, Tracking URL = http://master:18088/proxy/application_145673
0564841_0002/
Kill Command = /home/zkpk/hadoop-2.5.2/bin/hadoop job  -kill job_1456730564841_0002
Hadoop job information for Stage-1: number of mappers: 1; number of reducers: 0
2016-02-29 05:18:43,391 Stage-1 map = 0%,  reduce = 0%
2016-02-29 05:18:52,692 Stage-1 map = 100%,  reduce = 0%, Cumulative CPU 3.44 sec
MapReduce Total cumulative CPU time: 3 seconds 440 msec
Ended Job = job_1456730564841_0002
Stage-4 is selected by condition resolver.
Stage-3 is filtered out by condition resolver.
Stage-5 is filtered out by condition resolver.
Moving data to: hdfs://master:9000/tmp/hive-zkpk/hive_2016-02-29_05-18-35_826_8038179913959032932
1/-ext-10000
Loading data to table tmall.tmall_201412_uid_pid
rmr: DEPRECATED: Please use 'rm -r' instead.
Deleted hdfs://master:9000/user/hive/warehouse/tmall.db/tmall_201412_uid_pid
Table tmall.tmall_201412_uid_pid stats: [numFiles=1, numRows=241808, totalSize=5802236, rawDataSi
e=5560428]
MapReduce Jobs Launched:
Job 0: Map: 1   Cumulative CPU: 3.44 sec   HDFS Read: 34146932 HDFS Write: 5802327 SUCCESS
Total MapReduce CPU Time Spent: 3 seconds 440 msec
OK
Time taken: 18.146 seconds
```

图 8-13 数据清洗

3) 验证数据清洗结果

进入 hive 客户端后执行(见图 8-14):

select ∗ from tmall_201412_uid_pid limit 1000;

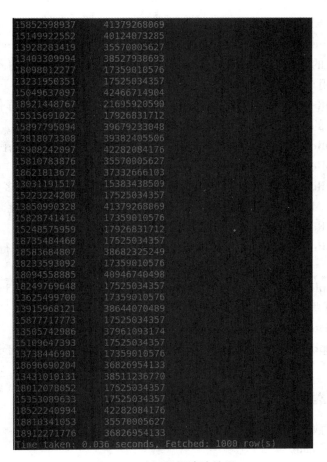

```
15852598937    41379268069
15149922552    40124073285
13928283419    35570005627
13403309994    38527938693
18098012277    17359010576
13231950351    17525034357
15049637097    42466714904
18921448767    21695920590
15515691022    17926831712
15897795094    39679233084
13818073308    39382405506
13908242097    42282084176
15810783876    35570005627
18621813672    37332666103
13031191517    15383438509
15223224208    17525034357
13850990328    41379268069
15828741416    17359010576
15248575959    17926831712
18735484460    17525034357
18583684807    38682325249
18233593092    17359010576
18094558885    40946740498
18249769648    17525034357
13625499700    17359010576
13915968121    38644070489
15877717773    17525034357
13505742986    37961093174
15109647393    17525034357
13738446901    17359010576
18696690204    36826954133
13431010131    38511236770
18012078052    17525034357
15353089633    17525034357
18522240994    42282084176
18810341053    35570005627
18912271776    36826954133
Time taken: 0.036 seconds, Fetched: 1000 row(s)
```

图 8-14　验证数据清洗结果

8.3　Mahout 基于项目的推荐方法

Mahout 基于项目的推荐方法由于其灵活性、易于部署等特性而被广泛应用。简洁直观的输入文件结构和便捷的控件选择功能使得原始数据的可用性大大提升。它的典型应用包含：电商平台的商品推荐（如 Taobao，Amazon，Netflix 等）帮助企业识别潜在的销售机会及基于相同的项目偏好区分用户等。基于项目的推荐系统所产生的推荐结果也可广泛应用于视频网站、ERP 系统等。

基于项目的协同过滤方法有一个基本的假设"能够引起用户兴趣的项目，必定与其之前评分高的项目相似"，通过计算项目之间的相似性来代替用户之间的相似性。基于项目的协同过滤不用考虑用户间的差别，所以精度相对较差。但是却不需要用户的历史资料，或是进行用户识别。对于项目来说，它们之间的相似性要稳定很多，因此，可离线完成工作量最大的相似性计算步骤，从而降低了线上计算量，提高推荐效率，尤其是在用户多于项目的情形下尤为显著。基于 item 的推荐方法主要包括 3 个步骤：得到每个用户对 item 的评分数据；对 item 进行最近邻的搜索；产生推荐。Mahout 基于 Item 的分布式推荐算法的详细内容参见

org.apache.mahout.cf.taste.hadoop.item。

Mahout 中基于 item 的推荐包括 12 个 MapReduce 过程。下面对每一个 MapReduce 的作用进行描述。输入的数据以 userid" \t" itemid" \t" perferenceValue 格式输入,分别表示用户编号、产品编号和该用户对该产品的评分值。

①第 1 个 MapReduce:将 itemID 长整型映射到整型的序号上。这样做的目的是为后续以该序号作为矩阵的一个维度,所以需要处理成整型。

②第 2 个 MapReduce:统计每个用户对哪些 item 进行了评分,评分值是多少。

③第 3 个 MapReduce:统计用户的总数。

④第 4 个 MapReduce:统计每个 item 被哪些用户评分了,评分值是多少。

⑤第 5,6,7 个 MapReduce:计算每个 item 与所有 item 之间的相似度。

⑥第 8 个 MapReduce:将相同 item 之间的相似度置为 NaN。

⑦第 9 个 MapReduce:确定要推荐的用户,这些用户对哪些 item 进行了评分,评分值是多少。

⑧第 10 个 MapReduce:根据以上的统计结果得到每个 item 与其他 item 之间的相似度,这些 item 分别被哪些用户评分了,评分值是多少。

⑨第 11 个 MapReduce:过滤掉指定用户不需要推荐的 item。

⑩第 12 个 MapReduce:得到每个用户要推荐的 item。这些 item 对于该用户来说是评分最高的前 n 个。

8.3.1 路径准备

删除中间生成数据、结果数据:

hadoop fs −rmr temp/ ∗

hadoop fs −rmr /output0806

在初始环境下,HDFS 是没这些数据的,为了保证运行结果的准确性,执行以上两条命令删除临时文件与结果文件。

8.3.2 运行推荐算法

Mahout 基于项目的推荐方法需设置以下参数:

−−output 输出路径。

−−input 输入路径。

−n 为每个用户推荐的产品数。

−u 待推荐的用户列表。

−I 待推荐的 item 列表。

−f 过滤指定用户不需要推荐的 item。格式为 userID,itemID 对。

−b 输入的样本不带产品评分。

−mp 设置每个用户喜好的最大数量默认 10。

−m 设置每个用户喜好的最小数量默认 1。

−mo 样本抽样。

-s 相似度量方法。包括：

SIMILARITY_URRENCE(GDistributedurrenceVectorSimilarity.class），

SIMILARITY _ EUCLIDEAN _ DISTANCE（DistributedEuclideanDistanceVectorSimilarity.class），

SIMILARITY_LOGLIKELIHOOD(DistributedLoglikelihoodVectorSimilarity.class），

SIMILARITY _ PEARSON _ CORRELATION（DistributedPearsonCorrelationVectorSimilarity.class），

SIMILARITY _ TANIMOTO _ COEFFICIENT（DistributedTanimotoCoefficientVectorSimilarity.class），

SIMILARITY_UNCENTERED_COSINE(DistributedUncenteredCosineVectorSimilarity.class），

SIMILARITY_UNCENTERED_ZERO_ASSUMING_COSINE(DistributedUncenteredZeroAssumingCosineVectorSimilarity.class），

SIMILARITY_CITY_BLOCK(DistributedCityBlockVectorSimilarity.class）；

Mahout 的推荐模块支持以多种相似度算法创建推荐。通常相似度方法的选择需要根据数据特点进行仔细地测试、评估和搜索。在试验中，选择普遍使用的余弦相似度 SIMILARITY_UNCENTERED_COSINE 作为 Mahout 相似度度量方法。然后键入下列的命令即可启动 Mahout 推荐（见图 8-15、图 8-16）：

cd/home/wang839/apache-mahout-distribution-0.10.1

bin/mahout recommenditembased －－similarityClassname SIMILARITY _ UNCENTERED _ COSINE --input /user/hive/warehouse/tmall.db/tmall_201412_uid_pid/ --output /output0310 -numRecommendations 10 --booleanData

图 8-15 推荐系统执行的 Map 流程

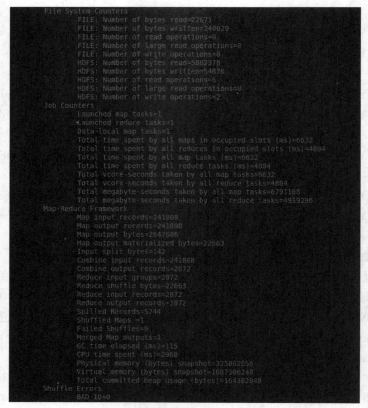

图 8-16　推荐系统运行的 Reduce 流程

8.3.3　查看推荐结果

以下命令将会启动一系列的处理过程,结果也会存储在指定的路径中。结果文件中包含两栏数据,第一栏为 userID,第二栏包含 itemID 和推荐算法预测的用户评分(见图 8-17)。

hadoop fs −cat ∕output0310∕part ∗ ｜head −10

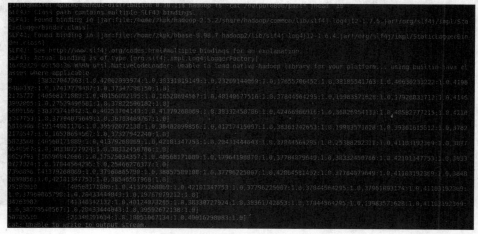

图 8-17　查看推荐系统执行结果

【本章小结】

本章介绍了大数据时代电子商务推荐系统的理论方法和数据基础,阐释了面向海量数据的分布式推荐系统的重要意义。实验部分首先基于 Hadoop 平台使用 Hive 数据库对原始电商数据进行了预处理工作。其次介绍了被广泛应用的 Mahout 分布式协同过滤推荐系统,并阐释了其技术流程和算法参数。进一步利用用户历史偏好信息作为数据源,执行分布式 Mahout Item-based 协同过滤推荐算法为用户生成新的推荐商品。随着大数据技术的迅速发展,如 Mahout 之类分布式的大数据处理平台日臻成熟,已经具备针对海量多维数据的高效处理能力,势必将为数据量日益庞大的电子商务推荐系统提供技术保障。

【关键术语】

推荐算法　　Mahout　　协同过滤

【复习思考题】

1.简述基于 MapReduce 的 Mahout Item-based 协同过滤推荐原理。

2.拷贝随书光盘内的 taobao.item 数据至你的电脑中,利用 Mahout 推荐方法为以下用户产生推荐项目:

Uid:13928283419;13403309994;18098012277;13231950351;15049637097;

18921448767;15515691022;15897795094;13818073308;13908242097。

3.访问网址 https://mahout.apache.org/users/recommender/,尝试阅读并实践 Mahout 用户文档中的多种推荐技术,比较不同类型推荐方法的适用场景。

附　录

附录 1　Flume 中组件的度量

附表 1　Channel 的度量

度　量	描　述
ChannelSize	目前 Channel 中事件的总数量
EventPutAttemptCount	Source 尝试写入 Channel 的事件总数量
EventPutSuccessCount	成功写入 Channel 且提交事件总数量
EventTakeAttemptCount	Sink 尝试从 Channel 读取的事件总数量
EventTakeSuccessCount	Sink 成功读取事件的总数量
StartTime	Channel 启动时自 Epoch 以来的毫秒值时间
StopTime	Channel 停止时自 Epoch 以来的毫秒值时间
ChannelCapacity	Channel 的容量
ChannelFillPercentage	Channel 满时的百分比
Type	对于 Channel,该指标总是返回 CHANNEL

附表 2　Source 的度量

度　量	描　述
EventReceivedCount	目前为止 Source 已经接收到的事件总数量
EventAcceptedCount	成功写出到 Channel 的事件总数量,且 Source 返回 success 给创建事件的 Sink 或 RPC 客户端或系统
AppendReceivedCount	每批只有一个事件的事件总数量(与 RPC 调用中的一个 append 调用相等)
AppendAcceptedCount	单独传入的事件写入 Channel 且成功返回事件总数量
AppendBatchReceivedCount	接收到事件的批次的总数量
AppendBatchAcceptedCount	成功提交到 Channel 的批次的总数量
StartTime	Source 启动时自 Epoch 以来的毫秒值时间
StopTime	Source 停止时自 Epoch 以来的毫秒值时间
OpenConnectionCount	目前与客户端或 Sink 保持连接的总数量
Type	对于 Source,该指标总是返回 SOURCE

附表 3　Sink 的度量

度　量	描　述
ConnectionCreatedCount	下一阶段或存储系统创建的连接数量（如在 HDFS 创建一个新文件）
ConnectionClosedCount	下一阶段或存储系统关闭的连接数量
ConnectionFailedCount	下一阶段或存储系统由于错误关闭的连接数量（如 HDFS 上一个新创建的文件因为超时而关闭）
BatchEmptyCount	空的批量的数量，如果数量很大表示 Source 写数据比 Sink 清理数据速度慢得多
BatchUnderflowCount	比 Sink 配置使用的最大批量尺寸更小的批量的数量，如果该值很高表示 Sink 比 Source 更快
BatchCompletedCount	与最大批量尺寸相等的批量的数量
EventDrainAttemptCount	Sink 尝试写出到存储的事件总数量
EventDrainSuccessCount	Sink 成功写出到存储的事件总数量
StartTime	Sink 启动时自 Epoch 以来的毫秒值时间
StopTime	Sink 停止时自 Epoch 以来的毫秒值时间
Type	对于 Sink，该度量总是返回 SINK

附表 4　源的必要配置参数

参　数	是否必需	类型	描　述
Type	是	String	Source 的类型，可以是 FQCN 或 Source 的别名（Flume 自带的 Source）
Channels	是	String	通道列表，以空格分隔

附表 5　源的可选配置参数

参　数	是否必需	描　述
Interceptors	否	一连串拦截器列名
interceptors.<interceptor_name>.*	否	传递给指定拦截器的参数
Selector	否	Channel 选择器
selector.*	否	传递给 Channle 选择器的配置参数

附表6 Avro 源的配置参数表

参　数	默认值	是否必需	描　述
type	—	是	Avro Source 的别名是 avro,也可使用完整的类别名称
bind	—	是	绑定的 IP 地址或主机名
port	—	是	绑定的端口
threads	Infinity	否	接收从客服端或 Avro Sink 传入的数据的最大工作线程的数量
ssl	false	否	如果设置为 true,所有链接到 Source 的客服端都需要使用 SSL。如果启用了 SSL,keystore 和 keystore-password 参数是必需的
keystore	—	否	使用 SSL 的 keystore 的路径
keystore-password	—	否	打开 keystore-password 使用的密码
keystore-type	JKS0	否	正在使用的 keystore 的类型
compression-type	—	否	用于解压缩传入数据的压缩格式

附表7 Thrift Source 的配置参数表

参　数	默认值	是否必需	描　述
type	—	是	Thrift Source 的别名是 Thrift
bind	—	是	绑定的 IP 地址或主机名
port	—	是	绑定的端口号
threads	—	否	Source 处理请求使用的最大工作线程的数量

附表8 HTTP Source 的配置参数表

参　数	默认值	是否必需	描　述
type	—	是	HTTP Source 的别名是 http,也可以使用 FQCN,org.apache.flume.source.HttpSource
bind	—	是	绑定的 IP 地址或主机名,可以使用 0.0.0.0 绑定机器所有的接口
port	—	是	绑定的端口号
enableSSL	false	否	启用 SSL 前初始值为 false,启用时设置为 true
keystore	—	否	使用 keystore 文件的路径
keystroePassword	—	否	能够进入 keystore 的密码
handler	JSONHandler	否	HTTP Source 使用的处理程序类的 FQCN,可转换 HTTP 请求为 Flume 事件
handler. *	—	否	必须传给处理程序的任何参数可以通过使用 handler,前缀在配置中传入

附表 9　Memory Channel 配置参数表

参　数	默认值	是否必需	类型	描　述
type	—	是	String	Memory Channel 的别名是 memory
capacity	100	否	int	Channel 能保存的提交事件的最大数量
transactionCapacity	100	否	int	在单个事务中放入或取走事件的最大数量
byteCapacityBufferPercentage	20	否	int	byteCapacity 的百分比作为缓冲区，大小保持在 Channel 的字节容量和目前 Channel 中的所有事件主体的总大小之间
byteCapacity	JVM 堆大小的 80%	否	long	Channel 允许使用最大的堆空间（字节）
Keep-alive	3 s	否	int	每次放入或取走等待完成的最大时间周期

附表 10　File Channel 配置参数表

参　数	默认值	是否必需	类型	描　述
type	—	是	String	File Channel 的别名是 file。FQCN 是 org.apache.flume.channel.file.FileChannel
capacity	1000000	否	int	Channel 可保存的提交事件的最大数量
transactionCapacity	1000	否	int	单个事务中可写入或读取的事务的最大数量
checkpointDir	~/flume/filechannel/checkpoint	否	String	Channel 写出到检查点的目录
dataDirs	~/flume/filechannel/data	否	String	写入事件到以逗号分隔的列表的目录
useDualCheckpoints	false	否	String	告诉 Channel 一旦它被完全写出是否支持检查点。参数值为 true 或 false。如果设置为 true，backupCheckpointDir 参数必须设置
backupCheckpointDir	—	否	String	支持检查点的目录。如果主检查点损坏或不完整，Channel 可以从备份中恢复从而避免数据文件的完整回放。这个参数必须指向不同于 checkpointDir 的目录

续表

参　数	默认值	是否必需	类型	描　述
checkpointInterval	30	否	long	连续检查点之间的时间间隔(单位:s)
maxFileSize	1623195647	否	long	每个数据文件的最大值,一旦文件达到该大小值,该文件保存关闭并在那个目录下创建一个新的数据文件
minimumRequired Space	524288000	否	long	Channel 继续操作时每个卷所需的最少的空间。如果任何一个挂载数据目录的卷只有这么多空间剩余,Channel 将停止操作参数的最小值是 1048576(1 MB)
Keep-alive	3	否	int	每次写入或读取应该等待完成的最大的时间周期(单位:s)

附表 11　Sink 必需配置参数表

参　数	类型	是否必需	描　述
type	String	是	Sink 的类型,可以是 FQCN 或 Sink 的别名,该类必须在 Flume 的环境变量中
path	String	是	表示数据写入的路径位置
channel	String	是	读取事件的 Channel

附表 12　HDFS Sink 的配置参数表

参　数	默认值	是否必需	类型	描　述
type	—	是	String	HDFS Sink 的别名是 hdfs,也可以使用 FQCN,org.apache.flume.sink.hdfs.H-DFSEventSink
channel		是	String	从哪个通道中读取数据
hdfs.path		是	String	Sink 应该写入的路径
hdfs.filePrefix	FlumeData	否	String	文件名的前缀
hdfs.fileSuffix	—	否	String	文件名使用的后缀
hdfs.inUsePrefix	—	否	String	HDFS Sink 正在写入的文件使用的文件名前缀
hdfs.inUseSuffix	.tmp	否	String	HDFS Sink 正在写入的文件使用的文件名后缀

参　数	默认值	是否必需	类型	描　述
hdfs.timeZone	—	否	String	创建 bucket 路径使用的时区
hdfs.rollInterval	30	否	long	文件保存之前的秒值时间
hdfs.rollSize	1024	否	long	文件保存之前写入事件的最大数目
hdfs.batchSize	100	否	long	每批次写入事件的最大值
hdfs.idleTimeout	0	否	long	连续事件到未关闭文件要等待的最大时间周期的秒值,0 为禁用该项
hdfs.fileType	SequenceFile	否	String	使用的文件格式
hdfs.codeC	—	否	String	用来压缩文件的压缩编码
hdfs.maxOpenFiles	5000	否	long	HDFS Sink 一次可以保持打开文件的最大数量
hdfs.callTimeout	10000	否	long	每个 HDFS Sink 操作超时前等待的毫秒延时
hdfs.threadsPollSize	10	否	int	线程池中执行 HDFS 操作的线程数量
hdfs.rollTimerPoolSize	1	否	int	基于 hdfs.rollInterval 和 hdfs.idleTimeout 参数的线程池中保存 HDFS 文件的线程数量
hdfs.kerberosPrincipal	—	否	String	登录到 Kerberos key 分布中心（KDC）的所用 Kerberos 主体
hdfs.kerberosKeytab	—	否	String	使用 hdfs.kerberosPrincipal 登录到 KDC 的 keytab 文件的路径
hdfs.proxyUser	—	否	String	Flume 应该模仿的用户,若为 none,Flume 以当前用户写入数据
hdfs.useLocalTimeStamp	false	否	String	如果设置为 true,HDFS Sink 将使用现在 Agent 的时间戳做基于时间的分桶
hdfs.round	false	否	int	表示事件的时间戳是否应向下取整
hdfs.roundUnit	second	否	String	hdfs.roundValue 配置参数的单位（可以是秒、分、小时）
hdfs.roundValue	1	否	int	hdfs.roundUnit 参数指定的时间戳将舍去的多个参数的单位最大值
serializer	TEXT	否	String	使用的序列化器
serializer. *	—	否	String	传递给序列化器的配置参数

附表 13　HBase Sink 配置参数表

参　　数	默认值	是否必需	类型	描　　述
type	—	是	String	HBase Sink 的别名是 hbase, Async HBase Sink 的别名是 asynchbase
table	—	否	String	Sink 写入事件的列表,该表已存在 HBase 中
columFamily	—	否	String	创建的列所在的列簇,列簇必须在 HBase 中
batchSize	100	否	int	每次批处理写入事件的数量
zookeeperQuorum	—	否	String	HBase 集群使用的 quorum 中 Zookeeper 服务器列表
znodeParent	/hbase	否	String	Zookeeper quorum 上 HBase 集群使用的父节点
serializer	SimpleHbase EventSer ializer/ SimpleAsync HbaseEvent Serializer	否	String	使用的序列化器的 FQCN
serializer.*	—	否	String	传递给序列化器的配置参数表

附表 14　RPC 客户端公共配置参数表

参　　数	默认值	描　　述
client.type	—	该参数值设置为 default, default_loadbalance, default_failover 或 thrift
batch-size	100	批量发送事件的最大数目
hosts	—	用来指定主机参数的名字列表
hosts.<hostalis>	—	hostname:port 格式的主机配置

附表 15　Flume log4j appender 公共配置参数表

参　　数	默认值	描　　述
UnsafeMode	false	如果设置为 true,若日志消息不能提交到 Flume Agent 的 Channel 中,log4j appender 将不会抛出任何异常
AvroReflectionEnabled	false	如果设置为 true,appender 尝试将消息的内容解析成 Avro 数据
AvroSchemaURL	—	存储 Avro Schema 的 URL

附录 2　Linux 系统下配置实验环境

　　本书采用 Windows 环境下的 VMware 虚拟机,安装 CentOS 6,centOS 即社区企业操作系统之意,是 Linux 发行版之一。它是来自于 Red Hat Enterprise Linux 依照开放源代码规定释出的源代码所编译而成。

　　打开 VMware Workstation,页面如附图 1 所示。打开之前已经安装好的虚拟机:master,slave1 和 slave2,出现异常,选择"否"进入。

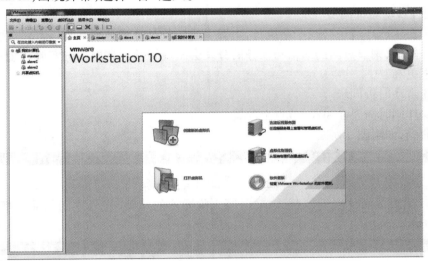

附图 1　VMware Workstation 进入页面

1) Cent OS 系统配置

　　所有的命令操作都在终端环境,打开终端的操作:进入系统后在桌面右键选择"Open in Terminal",如附图 2 所示。

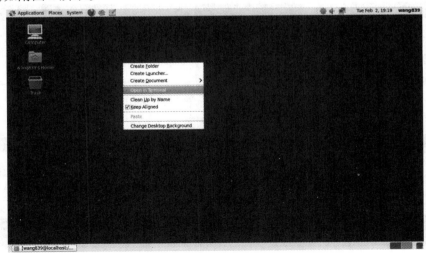

附图 2　进入 Linux 打开终端

以下操作步骤需要在 mater 节点和各 slave 节点上分别完成,都使用 root 用户,从当前用户切换到 root 用户的命令,如附图 3 或附图 4 所示。

```
[wang839@localhost ~]$ su root
```

附图 3　切换到 root 用户

```
wang839@localhost ~]$ su
```

附图 4　切换到 root 用户(＝)

输入密码:wang839。

(1)配置自动时钟同步

这一步在生产环境中必须严格执行,集群中的各节点时间必须同步,若节点之间时间差异超过某一阈值,则节点间的通信与任务的分发会出现问题。在虚拟的实验环境中,对时间差异的容忍更高。

①配置自动时钟同步

此项操作同时需要在 slave 节点上配置。

使用命令,如附图 5 所示。

```
[root@localhost ~]# crontab -e
```

附图 5　进入时钟同步配置

进入 vi 编辑页面,按 i 进入插入模式,写入附图 6 的代码(星号之间和前后都有空格),如附图 6 所示。

```
0 1 * * * /usr/sbin/ntpdate cn.pool.ntp.org
```

附图 6　时钟同步配置代码

然后按"Esc",键入":wq",按"Enter"键保存退出。

②手动同步时间

直接在 Terminal 运行命令,如附图 7 所示。

```
[root@localhost ~]# /usr/sbin/ntpdate cn.pool.ntp.org
```

附图 7　手动配置时钟同步命令

(2)配置主机名

①Master 节点

使用 vi 编辑器(vi 编辑器的使用方法请自行学习,后面的配置文件也将通过 vi 处理),如附图 8 所示。

```
[root@localhost ~]# vi /etc/sysconfig/network
```

附图 8　配置主机名命令

配置信息如下:如果已经存在则不修改,将 master 节点的主机名改为 master(注意:#后面是对两行代码的解释,在实际配置中不能写入),如附图 9 所示。

```
NETWORKING=yes #启动网络
HOSTNAME=master #主机名
```

附图 9　主机名与网络启动配置

确实修改生效命令,如附图 10 所示。

```
[root@localhost ~]# hostname master
```

附图 10　使主机名修改生效命令

检测主机名是否修改成功的命令"hostname",在操作事前需要重新打开一个终端,执行完命令,看到如附图 11 所示的输出,则修改成功。

```
[root@localhost ~]# hostname
master
```

附图 11　主机名修改成功

②slave 节点

同样分别将各 slave 节点的主机名修改成为 slave1,slave2,slave3 等。

(3)配置网络环境

此配置也需要在各 slave 节点进行。

在终端中执行如附图 12 所示的命令。

```
[wang839@master #主机名 Desktop]$ ifconfig
```

附图 12　网络环境查看命令

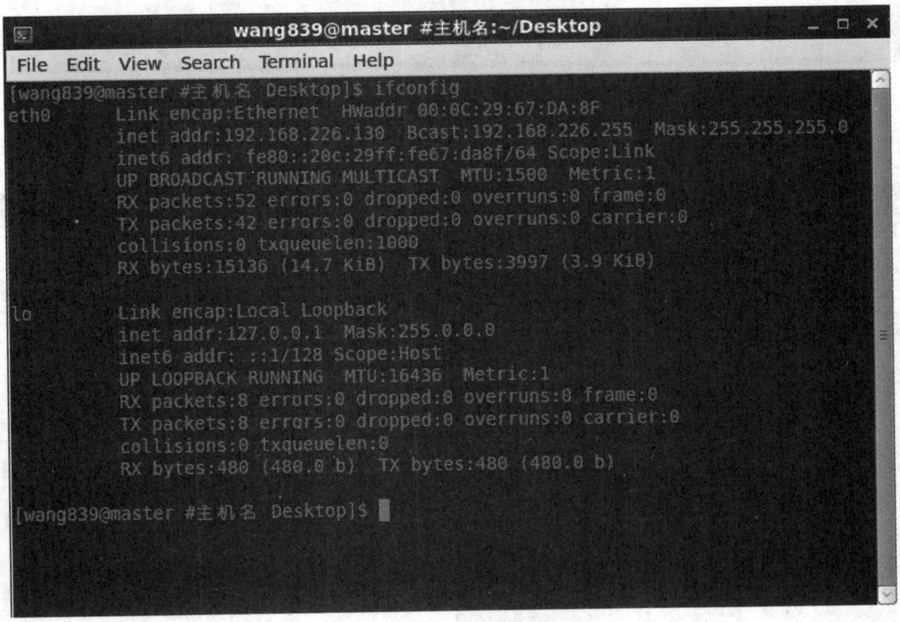

附图 13　主机网络配置环境

如果看到如附图 13 所示的打印输出,即存在内网 IP、广播地址、子网掩码,说明该节点不需要配置网络,否则进行下面的步骤。

执行如附图 14 所示的命令。

```
[wang839@master #主机名 Desktop]$ setup
You are attempting to run "setup" which requires administrative
privileges, but more information is needed in order to do so.
Authenticating as "root"
Password:
```

附图 14　进入网络配置命令

输入 root 用户密码"wang839"。出现如附图 15 所示的内容。

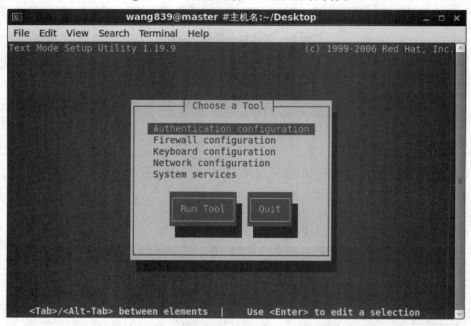

附图 15　配置选项

使用光标键移动选择"Network configuration",按"Enter"键进入该项,如附图 16 所示。

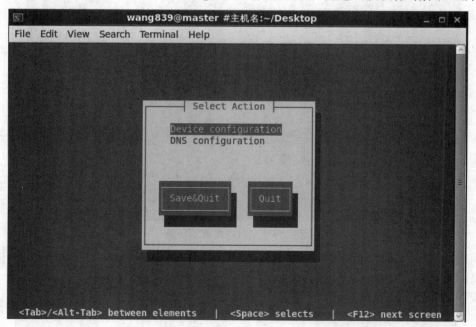

附图 16　网络配置选项

选择"Device configuration",按"Enter"键进入该项,如附图 17 所示。

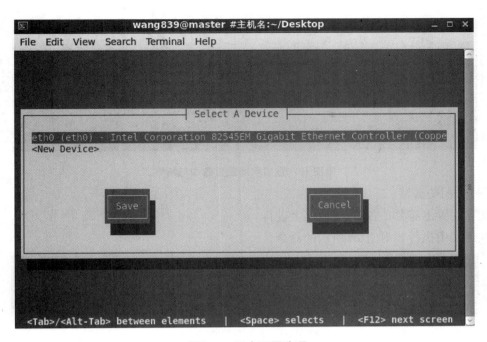

附图 17　网卡配置选项

选择"eth0",这里的端口选择必须与 ifconfig 命令执行结果的端口一致,如附图 18 所示。

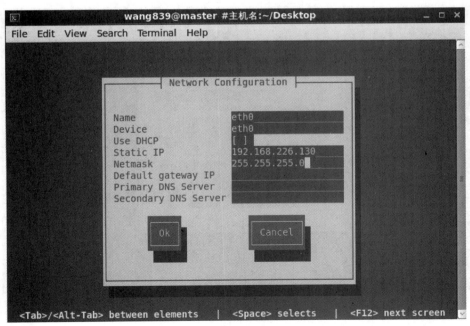

附图 18　静态 IP 配置

切换到 root 用户重启网络服务,出现如附图 19 所示的内容,则说明配置成功。

```
[root@slave1 Desktop]# /sbin/service network restart
Shutting down interface eth1: Device state: 3 (disconnected)
                                                          [  OK  ]
Shutting down loopback interface:                         [  OK  ]
Bringing up loopback interface:                           [  OK  ]
Bringing up interface eth1: Active connection state: activating
Active connection path: /org/freedesktop/NetworkManager/ActiveConnection/1
state: activated
Connection activated
                                                          [  OK  ]
[root@slave1 Desktop]#
```

附图 19　重启网络配置命令与结果

（4）关闭防火墙

此项配置也需要在各 slave 节点上进行。

在终端中执行如附图 20 所示的命令。

```
[wang839@master #主机名 Desktop]$ setup
You are attempting to run "setup" which requires administrative
privileges, but more information is needed in order to do so.
Authenticating as "root"
Password:
```

附图 20　进入配置选项命令

输入 root 用户密码"wang839"。出现如附图 21 所示的内容。

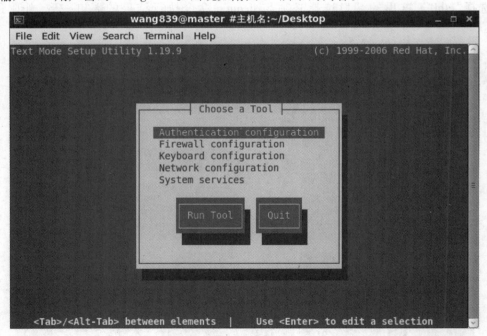

附图 21　配置选项

使用光标键移动选择"Firewall configuration"，如附图 22 所示。按"Enter"键进入该项。

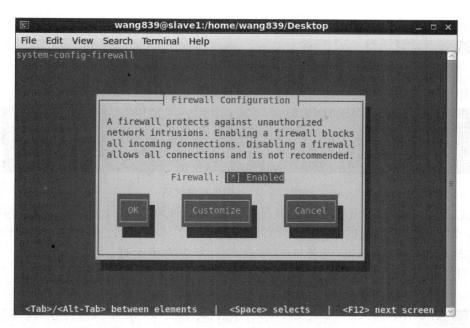

附图 22　Firewall configuration 的配置项

如果该项前面有"＊"标，则按一下空格键关闭防火墙，如附图 23 所示。然后单击"OK"按钮保存修改内容。

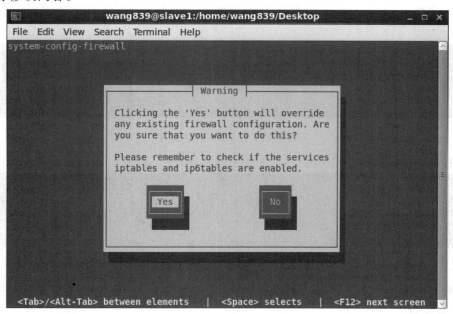

附图 23　确认关闭防火墙选项

选择"Yes"，即可保存防火墙配置。

(5)配置 Host 列表

此项配置也需要在各 slave 节点上进行。

需要在 root 用户下(使用 su 命令),编辑主机名列表的配置文件,如附图 24 所示。

```
[root@master #主机名 ~]# vi /etc/hosts
```

附图 24　进入 Host 列表配置命令

将附图 25 中的三行代码添加到/etc/hosts 文件中。

```
192.168.226.130 master
192.168.226.131 slave1
192.168.226.132 slave2
```

附图 25　Host 列表配置代码

注意:这里 master 节点对应 IP 地址是"192.168.226.130",slave1 对应的 IP 地址是"192.168.226.131",slave2 对应的 IP 地址是"192.168.226.132"……而自己在配置时,需要将这些 IP 地址改成自己机器(master 和各 slave 节点)实际对应的 IP 地址。

验证是否配置成功,分别在各节点终端中执行下面的命令。

ping master 如附图 26 所示。

```
[root@slave2 Desktop]# ping master
PING master (192.168.226.130) 56(84) bytes of data.
64 bytes from master (192.168.226.130): icmp_seq=1 ttl=64 time=4.25 ms
64 bytes from master (192.168.226.130): icmp_seq=2 ttl=64 time=0.440 ms
64 bytes from master (192.168.226.130): icmp_seq=3 ttl=64 time=2.43 ms
```

附图 26　ping master 的结果

ping slave1 如附图 27 所示。

```
[root@slave2 ~]# ping slave1
PING slave1 (192.168.226.131) 56(84) bytes of data.
64 bytes from slave1 (192.168.226.131): icmp_seq=1 ttl=64 time=1.00 ms
64 bytes from slave1 (192.168.226.131): icmp_seq=2 ttl=64 time=0.554 ms
64 bytes from slave1 (192.168.226.131): icmp_seq=3 ttl=64 time=0.444 ms
64 bytes from slave1 (192.168.226.131): icmp_seq=4 ttl=64 time=0.510 ms
```

附图 27　ping slave1 的结果

ping slave2 如附图 28 所示。

```
[root@slave2 ~]# ping slave2
PING slave2 (192.168.226.133) 56(84) bytes of data.
64 bytes from slave2 (192.168.226.133): icmp_seq=1 ttl=64 time=0.043 ms
64 bytes from slave2 (192.168.226.133): icmp_seq=2 ttl=64 time=0.035 ms
64 bytes from slave2 (192.168.226.133): icmp_seq=3 ttl=64 time=0.036 ms
64 bytes from slave2 (192.168.226.133): icmp_seq=4 ttl=64 time=0.040 ms
```

附图 28　ping slave2 的结果

若命令结果均出现以上内容,则表示配置成功。

(6)安装 JDK

此项配置也需要在各 slave 节点上进行。

到官网网站下载合适版本的 JDK 文件。

这里,选择 jdk-7u71-linux-x86.gz。

将 JDK 文件解压,放到"/home/wang839/app"目录下,命令如附图 29 所示。

```
[wang839@slave2 ~]$ cp resources/software/jdk/jdk-7u71-linux-x64.gz ~/app/
[wang839@slave2 ~]$ cd ~/app/
[wang839@slave2 app]$ tar -zxvf jdk-7u71-linux-x64.gz
```

附图 29　拷贝 JDK 文件至指定目录并安装命令

配置环境变量,如附图 30 所示。

```
[wang839@slave2 app]$ vi /home/wang839/.bash_profile
```

附图 30　进入环境变量配置

将如附图 31 所示的两行内容添加到打开的.bash_profile 文件中。

```
export JAVA_HOME=/home/wang839/app/jdk1.7.0_71/
export PATH=$JAVA_HOME/bin:$PATH
```

附图 31　环境变量配置方法

使改动配置生效,如附图 32 所示。

```
[wang839@slave2 app]$ source /home/wang839/.bash_profile
```

附图 32　使环境变量配置生效命令

测试配置是否成功,若命令结果如附图 33 所示,则表示 JDK 配置成功。

```
[wang839@slave2 app]$ java -version
java version "1.7.0_71"
Java(TM) SE Runtime Environment (build 1.7.0_71-b14)
Java HotSpot(TM) 64-Bit Server VM (build 24.71-b01, mixed mode)
```

附图 33　查看 JDK 配置是否成功

(7)各节点之间免密钥登录配置

此项配置的所有操作都要在 wang839 用户下,因为 linux 操作系统是严格区分用户的,如果用 root 命令配置免密钥登录,只能用 root 免密钥登录。切换回 wang839 的命令如附图 34 所示。

```
[root@slave1 wang839]# su wang839
[wang839@slave1 ~]$
```

附图 34　切换回普通用户命令

①Master 节点

生成密钥,命令如附图 35 所示。

```
[wang839@master #主机名 ~]$ ssh-keygen -t rsa
```

附图 35　生成密钥命令

以上命令是生成远程访问的公钥与私钥,id_rsa 是私钥文件,id_rsa.pub 是公钥文件。一路按"Enter"键生成密钥,生成的密钥在.ssh 目录下,如附图 36 所示。

```
[wang839@master #主机名 ~]$ cd .ssh/
[wang839@master #主机名 .ssh]$ ls -l
total 8
-rw-------. 1 wang839 wang839 1675 Feb 12 19:44 id_rsa
-rw-r--r--. 1 wang839 wang839  407 Feb 12 19:44 id_rsa.pub
```

附图 36　密钥文件

复制公钥文件,即将生成的 ssh 公钥文件拷贝成为验证文件 authorized_keys,如附图 37 所示。

```
[wang839@master #主机名 .ssh]$ cat ~/.ssh/id_rsa.pub >> ~/.ssh/authorized_keys
```

附图 37　复制公钥文件

修改 authorized_keys 文件的权限,命令如附图 38 所示。

```
[wang839@master #主机名 .ssh]$ chmod 600 ~/.ssh/authorized_keys
```

附图 38　修改 authorized keys 文件权限命令

修改完权限后,文件列表情况如附图 39 所示(即只允许文件所属用户读写)。

```
[wang839@master #主机名 .ssh]$ chmod 600 ~/.ssh/authorized_keys
[wang839@master #主机名 .ssh]$ ll
total 12
-rw-------. 1 wang839 wang839  407 Feb 12 19:53 authorized_keys
-rw-------. 1 wang839 wang839 1675 Feb 12 19:44 id_rsa
-rw-r--r--. 1 wang839 wang839  407 Feb 12 19:44 id_rsa.pub
```

附图 39　文件权限

将 authorized_keys 文件复制到 slave 节点,命令如附图 40 所示。

```
[wang839@master #主机名 .ssh]$ scp ~/.ssh/authorized_keys slave1:~/
The authenticity of host 'slave1 (192.168.226.131)' can't be established.
RSA key fingerprint is 35:ec:2f:9a:e6:e9:62:24:37:38:fc:d9:ed:59:ed:a7.
Are you sure you want to continue connecting (yes/no)? yes
Warning: Permanently added 'slave1,192.168.226.131' (RSA) to the list of known h
osts.
wang839@slave1's password:
authorized_keys                               100%  407     0.4KB/s   00:00
```

附图 40　将 authorized keys 文件从主机复制到 slave 命令

提示输入"yes/no"时,输入"yes",按"Enter"键。

密码是"wang839"。

②Slave 节点(各 slave 节点操作一样)

同样生成密钥,命令如附图 41 所示(一路回车生成密钥)。

```
[wang839@master #主机名 ~]$ ssh-keygen -t rsa
```

附图 41　生成密钥命令

将"authorized_keys"文件移动到.ssh 目录,如附图 42 所示。

```
[wang839@slave1 ~]$ mv authorized keys ~/.ssh/
```

附图 42　移动文件到指定目录

③验证免密钥登录

在 master 节点上执行"ssh slave1"命令,结果如附图 43 所示,则表示免密钥登录配置成功。

```
[wang839@master #主机名 .ssh]$ ssh slave1
Last login: Fri Feb 12 20:23:40 2016 from master
[wang839@slave1 ~]$
```

附图 43　验证免密钥登录是否成功

Ssh 免密钥登录的主要操作可简单概述为,将本机生成的 ssh 密钥对中的公钥"id_rsa.

pub"拷贝到咪表机器的 ssh 验证文件"authorized_keys"中。

2）Hadoop 环境部署

（1）Hadoop 配置部署

每个节点上的 Hadoop 配置基本相同，在 HadoopMaster 节点完成操作，然后完整的复制到另一个节点即可。

下面所有的操作都使用 wang839 用户。

①Hadoop 安装包解压

到 apache hadoop 官方网站下载合适版本的 hadoop 生态系统包（并不是最新的就是最好，很多新版本的安装包需要相应其他的配置环境，有时候新的反而会出现不匹配的问题），这里选择 2.5.2，即 hadoop-2.5.2.tar.gz。

将"hadoop-2.5.2.tar.gz"文件放到"/home/wang839/app"目录下，解压安装，如附图 44 所示。

```
[wang839@master #主机名 apache]$ tar -zxvf hadoop-2.5.2.tar.gz -C ~/app/
```

附图 44　解压安装 hadoop 命令

看到如附图 45 所示的内容，表示解压安装成功。

```
[wang839@master #主机名 hadoop-2.5.2]$ ll
total 52
drwxr-xr-x. 2 wang839 wang839  4096 Nov 14  2014 bin
drwxr-xr-x. 3 wang839 wang839  4096 Nov 14  2014 etc
drwxr-xr-x. 2 wang839 wang839  4096 Nov 14  2014 include
drwxr-xr-x. 3 wang839 wang839  4096 Nov 14  2014 lib
drwxr-xr-x. 2 wang839 wang839  4096 Nov 14  2014 libexec
-rw-r--r--. 1 wang839 wang839 15458 Nov 14  2014 LICENSE.txt
-rw-r--r--. 1 wang839 wang839   101 Nov 14  2014 NOTICE.txt
-rw-r--r--. 1 wang839 wang839  1366 Nov 14  2014 README.txt
drwxr-xr-x. 2 wang839 wang839  4096 Nov 14  2014 sbin
drwxr-xr-x. 4 wang839 wang839  4096 Nov 14  2014 share
```

附图 45　查看 hadoop 是否安装成功

②配置环境变量 hadoop-env.sh

配置 JDK 的路径，如附图 46 所示。

```
[wang839@master #主机名 hadoop-2.5.2]$ gedit etc/hadoop/hadoop-env.sh
```

附图 46　进入 hadoop 环境变量配置文件

gedit 是 Linux 下的文本编辑器，基本实现了 Windows 中的文本文档的操作。找到如附图 47 所示的代码（#后面的为注释，第二行为环境变量声明）。

```
# The java implementation to use.
export JAVA_HOME=${JAVA_HOME}
```

附图 47　JDK 初始配置

将环境变量配置修改，如附图 48 所示。

```
# The java implementation to use.
export JAVA_HOME=/home/wang839/app/jdk1.7.0_71
```

附图 48　JDK 路径配置方法

③配置环境变量 yarn-env.sh

配置 JDK 的路径如附图 49 所示。

```
[wang839@master #主机名 hadoop-2.5.2]$ gedit etc/hadoop/yarn-env.sh
```

附图 49　进入 yarn 环境配置文件

将代码（见附图 50）修改成为（注意去掉#号），如附图 51 所示。

```
# export JAVA_HOME=/home/y/libexec/jdk1.6.0/
```

附图 50　JDK 初始配置

```
export JAVA_HOME=/home/wang839/app/jdk1.7.0_71
```

附图 51　配置 yarn 的 JDK 路径方法

④配置核心组件 core-site.xml

使用 gedit 编辑，如附图 52 所示。

```
[wang839@master #主机名 hadoop-2.5.2]$ gedit etc/hadoop/core-site.xml
```

附图 52　进入 core-site.xml 配置文件

用如附图 53 所示的代码替换 core-site.xml 中的内容。

其中，第一项配置为文件系统的服务入口，端口号为"9000"。

第二项为 hadoop 临时数据存放目录"/home/wang839/hadoopdata"。

<! —

…

　　　　…

-->之间为 xml 文件的注释信息，可以删除。

```
<?xml version="1.0" encoding="UTF-8"?>
<?xml-stylesheet type="text/xsl" href="configuration.xsl"?>
<!--
    Licensed under the Apache License, Version 2.0 (the "License");
    you may not use this file except in compliance with the License.
    You may obtain a copy of the License at

      http://www.apache.org/licenses/LICENSE-2.0

    Unless required by applicable law or agreed to in writing, software
    distributed under the License is distributed on an "AS IS" BASIS,
    WITHOUT WARRANTIES OR CONDITIONS OF ANY KIND, either express or implied.
    See the License for the specific language governing permissions and
    limitations under the License. See accompanying LICENSE file.
-->

<!-- Put site-specific property overrides in this file. -->

<configuration>
        <property>
                <name>fs.defaultFS</name>
                <value>hdfs://master:9000</value>
        </property>
        <property>
                <name>hadoop.tmp.dir</name>
                <value>/home/wang839/hadoopdata</value>
        </property>
</configuration>
```

附图 53　core-site.xml 文件配置代码

⑤配置核心组件 core-site.xml

使用 gedit 编辑,如附图 54 所示。

```
[wang839@master #主机名 hadoop-2.5.2]$ gedit etc/hadoop/hdfs-site.xml
```

附图 54　进入 hafs-site.xml 配置文件

用如附图 55 所示的代码替换 core-site.xml 中的内容。

```xml
<?xml version="1.0" encoding="UTF-8"?>
<?xml-stylesheet type="text/xsl" href="configuration.xsl"?>

<configuration>
        <property>
                <name>dfs.replication</name>
                <value>2</value>
        </property>
</configuration>
```

附图 55　hdfs-site.xml 文件配置代码

此项配置为 hdfs 文件系统中的 block 文件备份数量,生产上默认为 3,这里实验环境改为 1 或者 2 都行。

⑥配置文件系统 yarn-site.xml

使用 gedit 编辑,如附图 56 所示。

```
[wang839@master #主机名 hadoop-2.5.2]$ gedit etc/hadoop/yarn-site.xml
```

附图 56　进入 yarn-site.xml 配置文件

用如附图 5 所示的代码替换 yarn-site.xml 中的内容。

```xml
<?xml version="1.0"?>

<configuration>
<!-- Site specific YARN configuration properties -->
        <property>
                <name>yarn.nodemanager.aux-services</name>
                <value>mapreduce_shuffle</value>
        </property>
        <property>
                <name>yarn.resourcemanager.address</name>
                <value>master:18040</value>
        </property>
        <property>
                <name>yarn.resourcemanager.scheduler.address</name>
                <value>master:18030</value>
        </property>
        <property>
                <name>yarn.resourcemanager.resource-tracker.address</name>
                <value>master:18025</value>
        </property>
        <property>
                <name>yarn.resourcemanager.admin.address</name>
                <value>master:18141</value>
        </property>
        <property>
                <name>yarn.resourcemanager.webapp.address</name>
                <value>master:18088</value>
        </property>
</configuration>
```

附图 57　yarn-site.xml 文件配置代码

⑦配置计算框架 mapred-site.xml

复制"mapred-site.xml.template"文件为"mapred-site.xml"文件,如附图 58 所示。

```
[wang839@master #主机名 hadoop-2.5.2]$ cp etc/hadoop/mapred-site.xml.template etc/hadoop/mapred-site.xml
```

附图 58　拷贝生成 mapred-site.xml 文件

使用 gedit 编辑,如附图 59 所示。

```
[wang839@master #主机名 hadoop-2.5.2]$ gedit etc/hadoop/mapred-site.xml
```

附图 59　进入 mapred-site.xml 配置文件

用如附图 60 所示的代码替换 mapred-site.xml 中的内容。

```xml
<?xml version="1.0"?>
<?xml-stylesheet type="text/xsl" href="configuration.xsl"?>

<configuration>
        <property>
                <name>mapreduce.framework.name</name>
                <value>yarn</value>
        </property>
</configuration>
```

附图 60　mapred-site.xml 文件配置代码

⑧在 master 节点配置 slaves 文件

使用 gedit 编辑,如附图 61 所示。

```
[wang839@master #主机名 hadoop-2.5.2]$ gedit etc/hadoop/slaves
```

附图 61　进入 slave 配置文件

用如附图 62 所示的代码替换 slaves 中的内容。

```
slave1
slave2
```

附图 62　slave 文件配置内容

⑨将整个 hadoop 生态系统复制到从节点上

对于 hadoop 生态系统中的各节点之间,最好是做到硬件与软件都同步。硬件包括 cup 核数、路数、内存大小等,软件包括版本、配置项、日志目录等,所以最好的做法就是在 master 节点上将生态环境配置完成后完整的复制到各节点相同的路径下。

使用如附图 63 所示的命令。

```
[wang839@master #主机名 app]$ pwd
/home/wang839/app
[wang839@master #主机名 app]$ ls
hadoop-2.5.2   jdk1.7.0_71
[wang839@master #主机名 app]$ scp -r hadoop-2.5.2/ slave1:/home/wang839/app/
```

附图 63　复制整个 hadoop 生态系统复制到从节点

注意:要在 hadoop 的安装目录下执行 scp 命令,因为之前已经配置了免密钥登录,这里可直接远程复制。

上述操作完成后,hadoop 分布式生态系统已经搭建完成,接下来启动 hadoop 集群,检查是否搭建成功。

注意:下面的所有操作都要使用 wang839 用户。

(2)配置系统环境变量

此项配置需要同时在各 slave 节点上进行。

操作如附图 64 所示。

```
[wang839@master #主机名 app]$ gedit ~/.bash_profile
```

附图 64　进入环境变量配置文件

将如附图 65 所示的代码追加到.bash_profile 末尾。

```
#HADOOP
export HADOOP_HOME=/home/wang839/app/hadoop-2.5.2
export PATH=$HADOOP_HOME/bin:$HADOOP_HOME/sbin:$PATH |
```

附图 65　添加的环境配置代码

然后执行如附图 66 所示的命令,使配置项生效。

```
[wang839@master #主机名 app]$ source ~/.bash_profile
```

附图 66　配置生效命令

(3)创建数据目录

此项配置需要同时在各 slave 节点上进行。

命令如附图 67 所示。

```
[wang839@master #主机名 app]$ mkdir /home/wang839/hadoopdata
```

附图 67　创建数据目录

(4)启动 Hadoop 集群

①格式化文件系统

第一次启动 hadoop 之前,需要格式化,生成元数据信息。格式化命令如附图 68 所示,此项操作需要在 master 节点上进行,如附图 68 所示。

```
[wang839@master #主机名 hadoop-2.5.2]$ hdfs namenode -format
```

附图 68　格式化文件系统命令

看到如附图 69 所示的打印信息表示格式化成功,如果出现"Exception/Error",则表示出错。

```
16/02/13 21:24:16 INFO common.Storage: Storage directory /home/wang839/hadoopdat
a/dfs/name has been successfully formatted.
16/02/13 21:24:16 INFO namenode.NNStorageRetentionManager: Going to retain 1 ima
ges with txid >= 0
16/02/13 21:24:16 INFO util.ExitUtil: Exiting with status 0
16/02/13 21:24:16 INFO namenode.NameNode: SHUTDOWN_MSG:
/************************************************************
SHUTDOWN_MSG: Shutting down NameNode at java.net.UnknownHostException: master #
主机名: master #主机
```

附图 69　格式化成功显示

注意:这里的格式化与 windows 磁盘管理的格式化相同,会删除所有内容,只能在 Hadoop 集群第一次启动之前执行一次,不能多次执行。

②启动 Hadoop

使用 start-all.sh 启动 Hadoop 集群,首先进入 Hadoop 安装主目录,然后执行启动命令,如附图 70 所示。

附图 70　启动 hadoop 命令

执行命令后,提示输入"yes/no"时,输入"yes"。

③查看进程是否启动

在 master 节点的终端执行 jps 命令,在打印结果中会看到 4 个进程,分别是 Resource-Manager,Jps,NameNode 和 SecondaryNameNode,如附图 71 所示。如果出现了这 4 个进程表示 master 节点进程启动成功。

附图 71　master 正常启动 hadoop 时的进程

在 slave 节点的终端执行 jps 命令,在打印结果中会看到 3 个进程,分别是 NodeManager,DataNode 和 Jps。如果出现了这 3 个进程表示节点进程启动成功,如附图 72 所示。

附图 72　slave 正常启动 hadoop 时的进程

(5)Web UI 查看集群是否成功启动

在 master 节点或者 slave 节点上启动 Firefox 浏览器,在浏览器地址栏中输入"http://master:50070/",检查 namenode 和 datanode 是否正常。UI 页面如附图 73 所示。

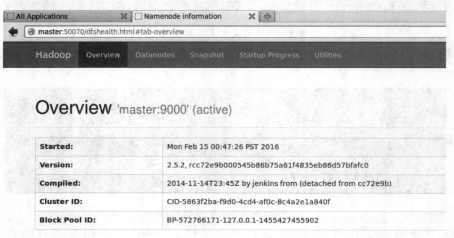

附图 73　hadoop 正常启动时 UI 页面

在浏览器地址栏中输入"http://master:18088/"，UI 页面如附图 74 所示。

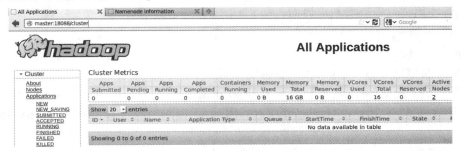

附图 74　hadoop 正常启动时 UI 页面

（6）运行 PI 实例检查集群是否成功

在 master 节点上进入 Hadoop 安装主目录，执行如附图 75 所示的命令。

```
[wang839@master mail]$ cd
[wang839@master ~]$ cd ~/app/hadoop-2.5.2/share/hadoop/mapreduce/
[wang839@master mapreduce]$ hadoop jar hadoop-mapreduce-examples-2.5.2.jar pi 10 10
```

附图 75　任务运行过程

会看到如附图 76 所示的执行结果。

```
Number of Maps  = 10
Samples per Map = 10
16/02/15 01:32:21 WARN util.NativeCodeLoader: Unable to load native-hadoop library f
or your platform... using builtin-java classes where applicable
Wrote input for Map #0
Wrote input for Map #1
Wrote input for Map #2
Wrote input for Map #3
Wrote input for Map #4
Wrote input for Map #5
Wrote input for Map #6
Wrote input for Map #7
Wrote input for Map #8
Wrote input for Map #9
Starting Job
16/02/15 01:32:23 INFO client.RMProxy: Connecting to ResourceManager at master/192.1
68.226.130:18040
```

附图 76　计算结果

最后输出如附图 77 所示。

```
Job Finished in 78.319 seconds
Estimated value of Pi is 3.20000000000000000000
```

附图 77　输出结果

如果以上 3 个步骤都没有问题，说明集群正常启动。

附录 3　安装部署 Hive

该部分的安装需要在 Hadoop 已经成功安装的基础上，并且要求 Hadoop 已经正常启动。

Hadoop 正常启动的验证过程如下：

使用下面的命令，看可否正常显示 HDFS 上的目录列表。

【zkpk@ master ~ 】$ hdfs dfs −ls /

或者,使用浏览器查看相应界面:

http://master:50070

http://master:18088

该页面的结果与 Hadoop 安装部分浏览器展示结果一致。

如果满足上面的两个条件,则表示 Hadoop 正常启动。

将 Hive 安装在 HadoopMaster 节点上。因此,下面的所有操作都在 HadoopMaster 节点上进行。

下面所有的操作都使用 zkpk 用户,切换 zkpk 用户的命令是"su-zkpk"。

密码是"zkpk"。

1)解压并安装 Hive

使用下面的命令,解压 Hive 安装包:

【zkpk@ master ~ 】$ cd /home/zkpk/resources/software/hadoop/apache

【zkpk@ master apache】$ mv ~/resources/software/hadoop/apache/apache−hive−0.13.1−bin.tar.gz ~/

cd

【zkpk@ master ~ 】$ tar −zxvf ~/apache−hive−0.13.1−bin.tar.gz

【zkpk@ master ~ 】$ cd apache−hive−0.13.1−bin

执行一下 ls −l 命令会看到如附图 78 所示的图片内容,这些内容是 Hive 包含的文件。

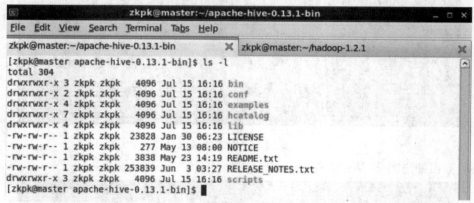

附图 78 Hive 中包含的文件

2)安装配置 MySQL

注意:安装和启动 MySQL 服务需要 root 权限,切换成 root 用户,命令如下:

【zkpk@ master ~ 】$ su root

输入密码"zkpk"。

启动 MySQL 服务:

【root@ master zkpk】$ /etc/init.d/mysqld restart

如果看到如附图 79 所示的打印输出,则表示启动成功。

```
[root@master zkpk]# /etc/init.d/mysqld restart
Stopping mysqld:                                          [  OK  ]
Starting mysqld:                                          [  OK  ]
```
附图 79　MySQL 成功启动提示

以 root 用户登录 mysql（注意：这里的 root 是数据库的 root 用户，不是系统的 root 用户）。在默认情况下，root 用户没有密码，可通过以下方式登录：

【root@ master zkpk】$ mysql -uroot

然后创建 hadoop 用户：

mysql>grant all on *.* to hadoop@'%' identified by 'hadoop';

mysql>grant all on *.* to hadoop@'localhost' identified by 'hadoop';

mysql>grant all on *.* to hadoop@'master' identified by 'hadoop';

mysql>flush privileges;

创建数据库：

mysql>create database hive_13;

输入命令退出 MySQL：

Mysql>quit;

3) 配置 Hive

进入 hive 安装目录下的配置目录，然后修改配置文件：

【zkpk@ master ~】$ cd /home/zkpk/apache-hive-0.13.1-bin/conf

然后在该目录下创建一个新文件 hive-site.xml，命令如下：

【zkpk@ master conf】$ gedit ~/apache-hive-0.13.1-bin/conf/hive-site.xml

将下面的内容添加到 hive-site.xml 文件中：

```xml
<? Gxml version="1.0"? >
<? xml-stylesheet type="text/xsl" href="configuration.xsl"? >
<configuration>
<property>
<name>hive.metastore.local</name>
<value>true</value>
</property>
<property>
<name>javax.jdo.option.ConnectionURL</name>
<value>jdbc:mysql://master:3306/hive_13? characterEncoding=UTF-8</value>
</property>
<property>
<name>javax.jdo.option.ConnectionDriverName</name>
<value>com.mysql.jdbc.Driver</value>
</property>
<property>
<name>javax.jdo.option.ConnectionUserName</name>
<value>hadoop</value>
```

```
</property>
<property>
<name>javax.jdo.option.ConnectionPassword</name>
<value>hadoop</value>
</property>
</configuration>
```

将 mysql 的 java connector 复制到依赖库中。其中,第 3,4,5 行是一行代码(要在一行中键入这 3 行,然后按"Enter"键执行):

【zkpk@ master ~】$ cd /home/zkpk/resources/software/mysql

【zkpk@ master mysql】$ tar -zxvf
~/resources/software/mysql/mysql-connector-java-5.1.2tar.gz

【zkpk@ master mysql】$ cp
~/resources/software/mysql/mysql-connector-java-5.1.27/mysql-connector-java-5.1.27-bin.jar
~/apache-hive-0.13.1-bin/lib/

使用下面的命令打开配置:

【zkpk@ master ~】$ vi /home/zkpk/.bash_profile

将下面两行配置环境变量:

export HIVE_HOM E=$ PWD/apache-hive-0.13.1-bin
export PATH=$ PATH:$ HIVE_HOME/bin

4)启动并验证 Hive 安装

进入 hive 安装主目录,启动 hive 客户端:

【zkpk@ master apache-0.13.1-bin】$ bin/hive

出现如附图 80 所示的页面,表示 hive 部署成功。

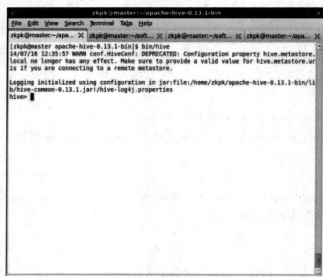

附图 80　Hive 启动成功提示

附录 4　Mahout 实验环境配置及数据准备

本书第 8 章实验利用 Hive 数据库构建大规模推荐数据集合，使用 Mahout 机器学习工具，实现推荐算法为相关用户提供推荐服务。基于 Mahout 的协同过滤推荐技术，运用 MapReduce 框架的算法的伸缩性和分布式并行计算能力，使系统具备了对大规模的数据进行高效分析和处理的能力。

实验中采用的 Hadoop 集群由 5 个节点组成。其中，包括 1 个 Master 节点，4 个 Slave 节点。每个节点的具体配置信息如下：Inter(R)XeonCPUE5645，1GRAM，15G 硬盘。

该部分的安装需要在 Hadoop 已成功安装的基础上，并且要求 Hadoop 已经正常启动。Hadoop 正常启动的验证过程如下：

①使用下面的命令，看可否正常显示 HDFS 上的目录列表：

【zkpk@ master ~】$ hdfs dfs -ls /

②使用浏览器查看相应界面：

http://master:50070

http://master:18088

该页面的结果与 Hadoop 安装部分浏览器展示结果一致。

如果满足上面的两个条件，则表示 Hadoop 正常启动。

下面的操作都是通过 HadoopMaster 节点进行。

本章所有的操作都使用 zkpk 用户，切换用户的命令是"su-zkpk"。

密码是"zkpk"。

1) 解压并安装 Mahout

使用下面的命令，解压 Mahout 安装包：

【zkpk@ master ~】$ cd /home/zkpk/resources/software/hadoop/apache

【zkpk@ master apache】$ mv mahout-distribution-0.10.1.tar.gz ~/

【zkpk@ master apache】$ cd

【zkpk@ master ~】$ tar -zxvf ~/mahout-distribution-0.10.1.tar.gz

【zkpk@ master ~】$ cd mahout-distribution-0.10.1

执行一下 ls -l 命令会看到如附图 81 所示的图片内容，这些内容是 Mahout 包含的文件。

附图 81　Mahout 中包含的文件

2) 启动并验证 Mahout

进入 Mahout 安装主目录：

【zkpk@ master ~ 】$ cd /home/zkpk/mahout-distribution-0.10.1

【zkpk@ master mahout-distribution-0.10.1】$ bin/mahout

执行命令后会看到如附图 82 所示的打印输出，则表示安装成功。

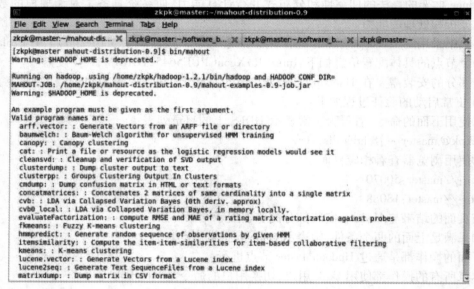

附图 82　Mahout 安装成功提示

附录 5　大数据分析学习资源

1) 大数据基础知识相关学习资源

(1) 大数据魔镜

大数据魔镜是中国大数据科技企业国云数据开发的大数据可视化分析挖掘平台。旗下的国云数据市场，已经累计各行业数据指标 40 万个，上亿条"云标签"库，能够帮助深度发现数据价值和建立数据新的商业模式。目前，大数据魔镜已经与华为、中兴集团等开展了深度合作，以共同推动和完善中国大数据产业和市场。大数据魔镜知识社区是其旗下的官方博客，主要以数据分析为主题，可提供大数据、数据可视化、数据行业动态，业内新闻等信息。

(2) 小象学院

小象学院是北京小象科技有限公司旗下的在线教育服务平台，专注于大数据技术的应用推广，于 2013 年 12 月正式上线。该平台依托于小象问答社区，目前小象学院的课程体系包括：大数据基础技术、大数据平台、大数据应用、云计算等，已经为数千家企业（如中国移动、中国银行等）提供服务，只不过大部分课程是收费的。

(3) 百度大数据[+]

百度大数据[+]，是百度开放的新商业"能源库"，旨在面向行业关键诉求，开放百度大数据核心能力。百度大数据⁺主要是基于百度的海量用户数据,同时与行业垂直数据深度结合,挖掘百度用户千万级标签数据,帮助行业客户对用户进行空间和时间360度的立体洞察。百度大数据⁺,提供的预测、推荐等深度模型,发挥了百度大脑和深度学习的优势,帮助行业客户,实现行业趋势的深入洞察、客群的精准触达、分群精细定价和风险防控等。百度大数据⁺目前已经提供了大数据行业洞察、大数据客群分析、大数据营销决策、大数据舆情监控、大数据推荐引擎等服务组件。

(4)腾讯大数据

腾讯大数据网站主要提供数据分析报告、大数据学院、大数据应用、技术开源四大功能模块。腾讯大数据主要是基于海量用户的社交数据、消费数据、游戏数据,通过GAIA(资源调度平台)、LZ(任务调度平台)、TDBANK(腾讯实时数据接入平台)、TDW(腾讯分布式数据仓库)等进行分析,目前已经与北京汽车股份有限公司、美丽说、Berkeley等开展了合作研究。

(5)中国大数据

该网站汇集了大数据的业界动态、开源技术、应用案例、技术解决方案等,并设有大数据论坛供业界和学界人士就大数据的相关问题进行交流。

(6)36大数据

36大数据是一个专注一个专注大数据、大数据案例分享、数据分析、数据挖掘和数据可视化的专业"知识型"科技平台。该网站从数据角度出发,讲述了大数据在工业、农业、商业、电子商务、网络游戏、网站分析等多个领域的应用。该网站还汇集了大数据的学习教程和大数据应用案例,提供大数据分析工具和资料下载。

(7)199IT中文互联网数据资讯中心

199IT中文互联网数据咨询中心的大数据板块汇集了业界关于大数据研究的最新动态,而且其旗下的大数据导航板块汇总整理了多种大数据分析工具、Hadoop大数据工具、数据可视化工具等。

2)大数据生态系统相关学习资源

(1)Hadoop common

Hadoop Common是Apache Hadoop的通用知识库,汇集了关于Hadoop的大量的资源、案例、学习文档。

(2)Hadoop学习资源集合

Hadoop学习资源集合是云栖社区组织翻译了GitHub Awesome Hadoop资源,涵盖了Hadoop中常见的库与工具、存储方式、数据库,以及相关的书籍、网站等资源。

(3)Apache Spark

Apache Spark是Spark的官方学习网站,该网站详细介绍了Spark及其各个组件的功能及操作,并提供了相关实例供用户学习。此外,该网站还提供了Spark及其组件各个历史版本的下载途径。

(4)Spark技术社区

Spark技术社区是中国最大的IT社区和服务平台:CSDN(Chinese Software Developer Network)旗下的Spark交流社区,该网站分为资讯、博客、论坛等模块,供用户针对Spark进行学习及交流。此外,该网站还提供了与 Spark 相关的活动及会议行程,用户可在该网站报名参会。

3)大数据收集相关学习资源

(1)Apache Flume

Apache Flume 官方网站提供 Flume 软件和相关组件的免费下载服务、详尽的使用文档与操作手册,以及相关的应用实例与常见开发问题的解答。

(2)Apache Kafka

Apache Kafka 官方网站提供 Kafka 软件和相关组件的免费下载服务、详尽的使用文档与操作手册,以及相关的应用实例与常见开发问题的解答。

(3)Tutorials Point

Tutorials Point 网站是印度一家致力于 IT 行业编程教育的网站,主要目的是为那些有兴趣学习不同技术性和非技术性主题的人是提供高质量的在线教育资源,该网站几乎涵盖了所有的编程开发语言,并且所有教程提供离线 PDF 下载。本章内容 Apache Flume 以及 Apache Kafka 在该网站均有单独板块进行介绍,并供用户进行学习。

(4)**深度开源** Open **经验**

深度开源网站的 Open 经验板块涵盖了包括 Apache Flume 以及 Apache Kafka 的丰富的开发经验与实例供用户进行学习与交流,同时该网站的文档板块也为广大用户提供了相关的开发文档以及各类相关文章的 PDF 下载。

4)大数据计算相关学习资源

(1)ApacheMapReduce

Hadoop 官网中提供了 MapReduce 的产生与发展等基础知识,以及 MapReduce 常见开发问题的解答。

(2)Apache Storm

Apache Storm 官方网站提供 Storm 软件和相关组件的免费下载服务、详尽的使用文档与操作手册,以及相关的应用实例与常见开发问题的解答。

(3)Apache Impala

Apache Storm 官方网站提供 Storm 软件和相关组件的免费下载服务、详尽的使用文档与操作手册,以及相关的应用实例与常见开发问题的解答。

(4)About **云**

About 云是一个旨在提供云计算和大数据技术文档,视频、云技术学习指导,解疑等的论坛。该论坛设有 MapReduce 区、Storm 专区等,汇集了 MapReduce、Storm 相关的技术技术文档和应用案例。

5)大数据挖掘相关学习资源

(1)VisuAlgo

VisuAlgo 是新加坡国立大学于 2011 年开发的用于辅助学生学习数据结构与算法的网站。该网站通过动画的形式展示算法流程与数据结构,实现可视化学习算法,帮助用户理解算法的每个流程并演示每个步骤的过程代码。VisuAlgo 能够实现和展示从简单的排序到复

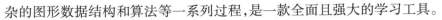

杂的图形数据结构和算法等一系列过程,是一款全面且强大的学习工具。

（2）统计之都

统计之都（Capital of Statistics,简称 COS）成立于 2006 年 5 月,是一个旨在推广与应用统计学知识的网站和社区。统计之都网站最初由谢益辉创办,现由世界各地的众多志愿者共同管理维护。自 2012 年以来,统计之都开展了一系列的数据分析沙龙,其主题涵盖了可视化、生物信息、金融、空间统计、海量数据处理等众多前沿的统计学问题。

（3）炼数成金

炼数成金平台是一个专业数据分析论坛,汇集了大量大数据分析的学习资料及线下活动,用户可以在论坛中查找到所需要的学习资料,并与其他用户交流活动,共同学习。

（4）Apache Mahout

Apache Mahout 官方网站提供 Mahout 软件和相关组件的免费下载服务、详尽的使用文档与操作手册,以及相关的应用实例与常见开发问题的解答。

（5）Mahout 资源总汇

经管之家（原人大经济论坛）中专门汇集了 Mahout 相关资源（如 Mahout 模块详解等）的网址。

（6）Weka

在 Weka 官方网站可以免费下载可运行软件和源代码,还可以获得说明文档、常见问题解答、数据集等资源。

（7）Weka MOOC 免费网络课程资源

新西兰怀卡托大学推出了 Weka 免费网络课程,课程分为初级和高级两个部分,每个部分时长 5 周。

（8）R-journal

R 官方的开放杂志,提供中短篇文章给读者阅读或者订阅,包括 R 中扩展包的简短介绍,R 的相关介绍,给新用户提供操作手册及 FAQs 的详细解释以及 R 的最新应用。

（9）R-bloggers

关于 R 资讯和学习的专业博客平台,由 Tal Galili 组织建立。该网站有超过 573 个博客,提供关于 R 的各类咨询和学习指导资料,并且可以与博客作者就 R 相关问题交流互动。

（10）Datacamp

Datacamp 是 2014 年在美国成立的一家数据分析在线教育平台。该平台通过视频和网站上的实操系统,为用户提供一系列相关课程。目前主要提供关于 R、Python 与数据可视化三个主题的学习。

（11）Coursera 课程网站

Coursera 是一个著名的视频学习网站,该网站上约翰·霍普金大学的数据科学系列课程是学习 R 语言的得力助手,该系列完全使用 R 作为分析工具。课程内容包括《数据科学家的工具箱》《R 语言程序开发》《获取和整理数据》《探索性数据分析》《可重复性研究》等课程,有利于学习如何利用 R 来进行数据统计分析。

（12）Stathome

Stathome 是一个关于统计资源的分享网站，其中包含了 R 软件的系列入门教程，是非常翔实的关于 R 数据统计分析入门的学习资料。

6）大数据可视化相关学习资源

（1）北京大学可视化与可视分析博客

北京大学可视化与可视分析博客汇集了可视化与可视分析研究领域的相关知识、最新研究进展，以及最新的可视化技术和应用。该网站支持 RSS 订阅和推送，同时也以标签的方式提供搜索服务。

（2）Visual.ly

Visual.ly 是一个可视化的内容服务网站。该网站提供专门的大数据可视化的服务，用户包括了 VISA，NIKE，Twitter，福特和国家地理等。该网站接收可视化项目的外包任务，并根据用户背景提供多元的可视化方案。

（3）Google Charts

Google Charts 以 HTML5 和 SVG 为基础，充分考虑了跨浏览器的兼容性，并通过 VML 支持旧版本的 IE 浏览器。Google Charts 界面比较友好，提供全面的模板库，且所有创建的图表是交互式的，支持缩放操作。

参考文献

[1] 埃里克·西格尔.大数据预测:告诉你谁会点击、购买、死去或撒谎[M].周昕,译.北京:中信出版社,2014.

[2] 李军.大数据:从海量到精准[M].北京:清华大学出版社,2014.

[3] 娜达·R.桑德斯(Nada R.Sanders).大数据供应链:构建工业 4.0 时代智能物流新模式[M].丁晓松,译.北京:中国人民大学出版社,2015.

[4] 许可,等.互联网新思维体验[M].北京:经济管理出版社,2015.

[5] 方匡南,等.R 数据分析[M].北京:电子工业出版社,2015.

[6] 黄文,等.数据挖掘:R 语言实战[M].北京:电子工业出版社,2014.

[7] 李诗羽,张飞,王正林.数据分析:R 语言实战[M].北京:电子工业出版社,2014.

[8] 项亮.推荐系统实践[M].北京:人民邮电出版社,2012.

[9] 童国平,等.基于搜索日志的用户行为分析[J].现代图书情报技术,2015(Z1):80-88.

[10] 赵龙.基于 hadoop 的海量搜索日志分析平台的设计和实现[D].大连:大连理工大学,2013.

[11] 史蒂夫·霍夫曼,斯里纳特·佩雷拉.Flume 日志收集与 MapReduce 模式[M].张龙,译.北京:机械工业出版社,2015.

[12] Hari Shreedharan.Flume 构建高可用、可扩展的海量日志采集系统[M].马延辉,史东杰,译.北京:电子工业出版社,2015.

[13] 夏文忠.Log4J 在学生管理系统中的开发与应用[J].电脑编程技巧与维护,2009(10):34-36.

[14] 陈兀,程耕国.基于 Struts+Spring+log4j 框架的日志管理[J].软件导刊,2010,09(5).

[15] 高彦杰.Spark 大数据处理[M].北京:机械工业出版社,2014.

[16] 卢博林斯凯,史密斯,雅库伯维奇,等.Hadoop 高级编程——构建与实现大数据解决方案[M].北京:清华大学出版社,2014.

[17] 王伟军,等.信息分析方法与应用[M].北京:清华大学出版社,2014.

[18] 奥尔霍斯特.大数据分析(点"数"成金)[M].王伟军,等,译.北京:人民邮电出版社,2013.

[19] 樊哲.Mahout 算法解析与案例实战[M].北京:机械工业出版社,2014.

[20] Vignesh Prajapati.R 与 Hadoop 大数据分析实战[M].李明,王威扬,孙思栋,等,译.北京:

机械工业出版社,2014.

[21] Donald Miner, Adam Shook.MapReduce 设计模式[M].徐钊, 赵重庆,译.北京:人民邮电出版社,2014.

[22] 刘刚,等. Hadoop 开源云计算平台[M].北京:北京邮电大学出版社,2011.

[23] 李成华, 张新访, 金海,等.MapReduce:新型的分布式并行计算编程模型[J].计算机工程与科学,2011(3):129-135.

[24] 应毅, 刘亚军.MapReduce 并行计算技术发展综述[J].计算机系统应用,2014(4):1-11.

[25] 中科普开(北京)科技有限公司.大数据技术发展态势跟踪:上[R].科技发展研究,2014.

[26] Witten I H, Frank E. Data Mining：Practical machine learning tools and techniques[M]. Burlington：Morgan Kaufmann, 2005.

[27] Bouckaert RR, Frank E, Hall M, et al.. WEKA manual for version3-6-0.2008.Hamilton, New Zealand：university of Waikato.

[28] Ian H.Witten,Eibe Frank.数据挖掘实用机器学习技术[M].董琳,等,译.北京:机械工业出版社,2005.

[29] 袁梅宇.数据挖掘与机器学习——WEKA 应用技术与实践[M].北京:清华大学出版社,2014.

[30] Eric Rochester.Clojure 数据分析秘笈[M].刘德海,张玫,译.北京:机械工业出版社,2014.